Claudia Bohne

Welsh Corgi Cardigan und Pembroke

Claudia Bohne

WELSH CORGI

CARDIGAN UND PEMBROKE

Oertel+Spörer

Bildnachweis:

Titelbild: Deborah Schultz

Innenteilbilder: Kerstin Bautze S. 106 r.; Astrid Berger S. 30, 81, 86, 95 r., 104, 119, 127, 128; Janett Bloi S. 71 l.; Denise Bölling S. 87; Claudia Bohne S. 103 r., 153; Sergey Bolshakov S. 122; Meg Callea S. 124; Martina Charitos S. 76, 144; Chiara Ceredi S. 129; Torsten Donges S. 105 r., 117; Stefan Fejfa S. 118; Regina Heil S. 68; René Hempel S. 152; Holger Hohenstein S. 37; Janine Huber – Frech-Fuchs-Photographie S. 70, 75 u., 83, 84, 88, 91(2), 93, 94 r., 100, 102 r., 106 l., 114, 116 r., 126(2); Dr. Kristin Iburg S. 58, 96, 108; Hannah Karayillan S. 95 l.; Annette Klarmann S. 38, 99; Andrej Klemencic S. 43, 147; Eva-Maria Krämer S. 14, 16(2), 19, 22, 23(2), 24, 60, 92; Marc Kokott S. 9, 101, 102 l.; Mandy Korndörfer S. 75 o., 103 l., 116 l., 133; Katja Knupper – Fotowerft Fotostudio Bargteheide S. 10, 20, 90 u., 142, 143, 151; Rudolph Kuntzner S. 69; Anastasia Lasskaya S. 123 u.; Nancy Leetz-Rosenbohm S. 135; Jo Lovell S. 7; Susanne Mahler S. 33, 35; Linda Menger – Linda Pictures S. 71 r.; Claudia Mosebach S. 145; Danielle Reimschüßel S. 97; Kimberly Rippert S. 44; Steven Ritzer mit Herzklopfreportagen S. 77; Oktyabrina Rondyk S. 123 o.; Anneli Rosenberg S. 17; Pat Runey S. 139; Olaf Schmidt-Kiy S. 61, 73, 85, 90 o., 109 u., 131; Deborah Schultz S. 8, 26, 46, 72, 74(2), 78(2), 79, 82, 110, 130; Olga Shilova S. 28, 63, 109 o.; Nicole Stille S. 5; Petra Tietze S. 15; Laura Tonon – Tonon Fotodesign S. 146; Alexandra Trefán-Török S. 121; Amber Marie Westwood S. 98, 105 l., 107; Lyubov Yakovleva S. 12, 18, 21, 47, 89, 113; Michaela Zimmermann 94 l.

Grafiken und Illustrationen: Janine Huber

Vignetten: Amber Marie Westwood

Haftungsausschluss

Die Hinweise in diesem Buch wurden von der Autorin sorgfältig recherchiert und geprüft. Es können jedoch keinerlei Garantien übernommen werden. Eine Haftung der Autorin, des Verlags und seiner Beauftragten für Personen-, Sach- und Vermögensschäden ist ausgeschlossen.

Bibliografische Information der Deutschen Nationalbibliothek

Die Deutsche Nationalbibliothek verzeichnet diese Publikation in der Deutschen Nationalbibliografie; detaillierte bibliografische Daten sind im Internet über http://dnb.d-nb.de abrufbar.

Postfach 1642 · 72706 Reutlingen

Lektorat: Dr. Gabriele Lehari
DTP und Repro: raff digital gmbh, Riederich
Druck und Bindung: Oertel+Spörer Druck und Medien-GmbH+Co., Riederich
Printed in Germany
ISBN 978-3-96555-069-8

Inhalt

Meine Liebeserklärung!

Eine Rasse wie den Welsh Corgi an meiner Seite zu haben, ist für mich lebensbereichernd. Diese Hunde sind zu einer Leidenschaft in meinem Leben geworden und jeden Tag, wenn ich in ihre lachenden Gesichter sehe, verliebe ich mich aufs Neue in sie. Kein Foto oder Bild ist in der Lage, das außergewöhnliche, freundliche und zugleich sturköpfige Wesen dieser kleinen Persönlichkeiten wiederzugeben!
Ich bin mir sicher: Jeder, der einmal diese kleinen, warmherzigen und äußerst klugen Hunde kennenlernen durfte, wird sie in sein Herz schließen.

Dieses Buch richtet sich an alle Interessenten, Liebhaber und Fanatiker der Welsh Corgis. Es soll für Aufklärung sorgen und dem Leser einen Einblick in die Entstehung und Aufgaben der Rasse in der Vergangenheit verschaffen, um sie in der Zukunft besser zu verstehen. Menschen, die nach einem Schoßhund suchen, sind beim Welsh Corgi verkehrt und sollten sich nach geeigneteren Rassen umsehen. Der Welsh Corgi wurde zum Arbeiten und selbstständigen Handeln gezüchtet und kann aufgrund seiner Intelligenz und seiner Entschlossenheit durchaus zu einer kleinen Herausforderung werden.

Entstehungsgeschichte der Welsh Corgis

Glaubt man Historikern und Kynologen, die auf den Verzierungen altägyptischer Gräber dem Corgi ähnelnde Hunde zu erkennen glauben, hat uns das kleine Wesen wahrscheinlich schon durch die Jahrtausende begleitet. Der erste belegte Nachweis, dass es sich um eine sehr alte Rasse handelt, sind alte walisische Gesetzessammlungen aus der Zeit um 920 n. Chr. Zu dieser Zeit herrschte Hywel Dda, auch Howell the Good oder The Great Law-Giver genannt. Diese Sammlung von Gesetzestexten beschreibt in verschiedenen Abschnitten, welcher Wert den jeweiligen Hunden zugeschrieben wurde. Der festgesetzte Wert basierte auf den Arbeiten, die diese Hunde zu verrichten hatten. Die Wertfestsetzungen aus der damaligen Zeit dienten jedoch nicht der Besteuerung, sondern sie sollten ein Gegenwert zum Zweck der Entschädigung sein, falls Nutzvieh getötet oder gestohlen wurde.

Ein Vieh- oder Treibhund hatte damals denselben Wert wie ein Stier, aber nur, wenn er auch tatsächlich als Gebrauchshund eingesetzt war. An dieser Stelle wird deutlich, dass in der Vergangenheit Hunde grundsätzlich für bestimmte und unterschiedliche Zwecke verpaart wurden. Allerdings gab es keine geschlossenen Zuchtpopulationen oder Rassestandards. Nur der Zweck und dessen Erfüllung standen damals im Vordergrund.
So wurden zum Beispiel Jagdhunde untereinander verpaart und deren Nachkommen wurden wiederum mit den besten von ihnen verpaart, bis eine besondere Fähigkeit in der Linie gefestigt war. Im Laufe der Zeit spezialisierten die Menschen ihre Hunde auf bestimmte Aufgaben, sodass Rassen mit besonderen Schlägen und Eigenschaften entstanden. Diese wurden zur Jagd und Hatz oder zum Hüten, Treiben oder Bewachen genutzt. Kennt man den ursprünglichen Aufgabenbereich seines Hundes und die dafür benötigten Eigenschaften, kann man das Verhalten seines Hundes oft besser verstehen und mit guter und konsequenter Erziehung Einfluss darauf nehmen.

Der Spezialisierung der Hunderassen kann das alte englische Sprichwort „horses for courses", was umgangssprachlich so viel bedeutet wie „Züchte für den benötigten Zweck das perfekte Pferd", zugeschrieben werden.
Dieses Sprichwort gilt nicht nur für die englische Pferdezucht, sondern ist auch für die Hundezucht zutreffend und liegt den vielen großartigen britischen Rassen zugrunde. Ein Beispiel hierfür sind die Farmer, welche im 10. Jahrhundert mit den unwirtlichen Gegebenheiten in den Hügeln von Wales zu kämpfen hatten und mit den wenigen zur Verfügung stehenden Mitteln für ihre Familien sorgen mussten. Ihnen war es nicht möglich, verschiedene Hunde für unterschiedliche Aufgaben zu halten, auch musste sich der Futterbedarf des Hundes in Grenzen halten, sodass grundsätzlich keine großen Hunde gehalten werden konnten.
Die von den Farmern gehaltenen Hunde waren darauf spezialisiert, als Vogel-, Rattenfang- und Viehhund zu arbeiten. Sie waren ein „Gesamtpaket" und für jede der genannten Aufgaben geeignet. Die sorgfältige Selektion der Farmer bei ihren Arbeitshunden ist heute noch bei den verschiedenen walisischen Rassen zu erkennen.

Bis zum heutigen Tag ist nicht klar, wann genau der Ursprung des Welsh Corgis war. Es ist allerdings ein Fakt, dass Wales und beide Welsh Corgi-Rassen untrennbar miteinander verbunden sind, denn diese kleinen, stämmigen Hunde, die über Vieh, Familie und Hof wachen, begleiten die Menschen in Wales schon seit vielen Jahrhunderten.

Der Corgi ist auch ein Beschützer und überwacht Haus und Hof.

Theorien zur Entstehung

Wie für eine alte Hunderasse üblich gibt es von Kynologen, Autoren und Züchtern unzählige Theorien über die Herkunft und Abstammung des heutigen Welsh Corgis. Ob man jemals Klarheit darüber erlangt, bleibt offen, da es an schriftlichen Überlieferungen mangelt. Bis dahin allerdings können wir dankbar für die Ausarbeitung verschiedener Theorien sein, die wir dem Enthusiasmus und der Aufopferungsbereitschaft einiger weniger zu verdanken haben, und so einen Einblick in die „Entstehungsgeschichte " dieser wundervollen Rassen erlangen.

W. Lloyd-Thomas Theorie

W. Lloyd-Thomas war ein einheimischer Cardiganshires und lebte auf dem Anwesen Mabws Hall. Er widmete sich den Aufzeichnungen des Bronant Corgis, des heutigen Cardigan Corgi, und war zu seiner Zeit eine anerkannte Autorität. Für ihn ist der eigentliche Welsh Corgi der Cardigan. Er stärkte die vielfachen Meinungen, dass Cardigan und Pembroke nicht miteinander verwandt sind und die Gemeinsamkeiten aufgrund von Kreuzungen untereinander entstanden sind. Der Cardigan Corgi ist seiner Meinung nach ein Verwandter des Dachshundes. Die Begründung hierfür liegt in dem grundsätzlich langen Körper, der tiefen Brust, den schweren Muskeln und den kurzen Beinen. W. Lloyds-Thomas Theorie zur Folge kamen diese Vorfahren des Cardigan Corgis bereits zu Beginn der Spätbronzezeit 1200 v. Chr. durch keltische Stämme aus Mitteleuropa nach Wales. Die Vorfahren des Pembroke Corgis hingegen erreichten erst im Jahr 1107 über flämische Weberfamilien England. Aufgrund der spitzen Ohren, der punktuellen Muskulatur und des gedrehten Schwanzes leitete er die Entstehung der Pembroke Corgis von den mitgebrachten spitzartigen Hunden ab. Weiter berichtet er, dass von damaligen Unternehmern im Kreise Bronant, ein Weiler in den Grafschaften von Mitte Wales, Cardigan-Welpen an Farmer in South Wales für kleines Geld verkauft wurden. Dies führte dazu, dass der Pembroke Corgi den Cardigan-Typ annahm bzw. sich veränderte. Der Austausch an Zuchtmaterial und Verkauf von Welpen erfolgte somit auch nur in die eine Richtung, sodass kein Pembroke Corgi im Raum Cardiganshire zu sehen war. Es war nur der Welsh Corgi Cardigan, „das Original", im Kreise Bronant bis ins Jahr 1850 bekannt. Die Weiterentwicklung des Cardigan Corgis beschreibt Lloyd-Thomas mit dem Kleinerwerden der Rasse, deren Haarkleidveränderung und der Tatsache, dass aus hängenden stehende

Der Welsh Corgi Cardigan könnte der Ursprung sein.

Ohren wurden. So wurde der Cardigan Corgi dem Aussehen des südwestlichen Pembroke Corgis immer ähnlicher. Diese Veränderung sollen viele „Rassen" der Farmer beeinflusst haben, aber auf keinen Fall der Corgi Pembroke. Lloyd-Thomas Erkenntnisse stammen aus einer Sammlung von Unterhaltungen mit den Farmersleuten aus Cardiganshire, basierend auf einen Zeitraum von etwa 80 Jahren, mit Geschichten und Beschreibungen der Einwohner Bronants.

Die Zeitspanne, um die sich seine Theorie dreht, ist sehr kurz, wenn man davon ausgeht, dass die Ahnen des Cardigan Corgis bereits 1200 v. Chr. nach Wales kamen. Aufgrund der vielen offenen Fragen und Abweichungen ist diese Theorie umstritten und findet nicht überall Akzeptanz.

Clifford L. B. Hubbards Theorie

Clifford Hubbard, auch „Doggie" genannt, war ein hoch geschätzter Autor und Forscher für zahlreiche Hunderassen, unter anderem auch der Welsh Corgis. Seiner Überzeugung nach begann die Entstehung der Rasse im 9. und 10. Jahrhundert, als die skandinavischen Wikinger die Küstenregionen von Wales überfielen. Dies erstreckte sich von dem Bereich Anglesey, eine Insel vor der Nordwestküste von Wales, bis in den Süden von Pembrokeshire. Jene Wikinger, welche sich im Süden niederließen, haben schwedische Viehhunde mitgebracht; diese sind unter den Namen Schwedischer Vallhund oder Västgötaspets bekannt. Der Vallhund, der eine gewisse Ähnlichkeit zum Pembroke aufweist, wurde in seiner Theorie mit einheimischen walisischen Hütehunden gekreuzt. Auch er trägt das Gen für die kurze Rute wie der Corgi Pembroke.

Es schienen sich zwei verschiedene Corgi-Typen zu entwickeln: Der Corgi Cardigan, eventuell von der Bracke abstammend und im Original tiefgestellt, und der Corgi Pembroke, der dem Spitz sehr ähnelte. Das Exterieur, das dem Spitz entsprach, erklärt er durch die Einkreuzung des Vallhundes und später des Schipperkes, welcher nach Südwales zusammen mit flämischen Webern kam, die Vieh und entsprechende Hunde mit sich führten. Sie ließen sich um 1107 nieder, zur Zeit der Herrschaft von Heinrich I.

Die Weber kamen zwar als Handwerksleute, jedoch waren sie von Natur aus auch Bauern und gründeten kleine Farmen ähnlich wie diese, welche sie in ihrer Heimat zurücklassen mussten. Die Farmer in Pembrokeshire fanden die Verpaarungen der einheimischen „Corgis" mit den neu eingeführten Hunden gut. Ihnen gefielen die fuchsähnlichen und wachsamen Hunde mit

Stehohren. Aufgrund dessen wurden diese Verpaarungen weiter durchgeführt. Im Rahmen der Aufstellung seiner Theorie erkannte Hubbard jedoch Ungereimtheiten bezüglich des Einflusses vom Vallhund auf die Entwicklung des walisischen Corgis, nicht zuletzt durch die Tatsache, dass der heutige Vallhund, der üblicherweise in den südwestlichen Provinzen Schwedens zu finden ist, praktisch unbekannt in Norwegen und Dänemark ist, wo die einfallenden Nordmänner ihren Ursprung haben. Ein weiterer Stolperstein dieser Theorie ist die Farbe. Der Vallhund ist in der Regel wolfsgrau, eine Farbe, die in anderen Rassen wie dem Keeshond und dem norwegischen Elchhund zu finden ist, aber jedoch nicht im Welsh Corgi. Während behauptet wird, dass die dominanten roten und Zobelfarben der flämischen Hunde die Vallhundfärbung im Pembroke Corgi auslöscht, lies Hubbard die Frage der Farbe beiseite. als er den Lancashire Heeler als ein weiteres Beispiel für einen spitzartigen Viehhund, der aus seiner Sicht eng mit dem schwedischen Vallhund verwandt ist, benannte. Die Ähnlichkeit vom Exterieur, der Schutzinstinkt und die Hütefähigkeiten, die der Corgi und der Vallhund teilen, lässt eigentlich keinen Zweifel daran, das sich ihre Wege gekreuzt haben, aber es muss auch kein Beweis für eine direkte Verwandtschaft sein.

Der Schwedische Vallhund kann durchaus ein Vorfahre der Corgis sein.

Theorie von Emil Hauk und Thelma Grey

Der Lancashire Heeler ist ein kleiner schwarzbrauner Arbeitshund, welcher seit Jahrhunderten im Norden Englands existiert. Erste Erwähnungen soll es bereits um 1600 gegeben haben. Er wurde in der Gegend um Ormskirk von den Viehhändlern als Treibhund verwendet. Hier führte er analog der Verwendung des Corgis das Vieh der Bauern zu den Märkten und Schlachthöfen und zeigte dabei auch das Verhalten des „Fersenkneifens" (heel). Außerdem waren diese Hunde auch ausgezeichnete Rattenfänger und hielten das Ungeziefer von den Farmen fern.
Während der Zeit der sächsischen Invasion flohen viele Bauern in die Wälder von Elmet und es waren ihre Lancashire Heeler, welche die Jahrhunderte überlebt haben. Die Vermutung, dass die überwiegende Färbung der früheren Welsh Corgi Pembrokes und Cardigans schwarz und braun war, lässt eine Verbindung zum Lancashire Heeler erahnen. Die bereits verstorbene Züchterin Miss Eve Forsyth-Forrest glaubte, dass die Existenz des Lancashire Heeler beweist, dass der Corgi eine original britische Rasse sei.

▲ Der Lancashire Heeler ist vermutlich mit dem Welsh Corgi verwandt.

Diese Ansicht deckt sich mit der der meisten Waliser, die ohnehin glauben, dass der Corgi seinen Ursprung auf den britischen Inseln habe, noch bevor die Römer diese eroberten. Geht man diesem Glauben nach, müsste seine Herkunft keltisch sein, allerdings ist über die Bauernhunde der Kelten nur wenig bekannt.

Der Kynologe Emil Hauk unterteilt diese kleinen Treibhunde in Lancashire Heeler und Ormskirk Heeler. Den Ormskirk Heeler beschreibt er mit Stehohren, schwarz mit tanpoints (roten Bräunungspunkten), den Lancashire Heeler als schwarzbraun mit tanpoints und fuchsartigem Kopf. Beide sollen dem Corgi seiner Meinung nach sehr ähnlich sein. Neben diesen führte er auch den Welsh Sheepdog (Red Herder) an, der im Phänotyp einem langbeinigem Corgi sehr ähnelt.

Auch der Welsh Sheepdog könnte bei der Entstehung mitgewirkt haben. ▼

Es ist zu vermuten, dass diese Hunde bei der Entstehung der heutigen Rasse Welsh Corgi mitgewirkt haben. Laut der renommierten Züchterin Thelma Gray soll es eine experimentelle Kreuzung zwischen einer Heeler-Hündin und einem Corgi-Rüden gegeben haben. Die hieraus entstandenen Nachkommen beschreibt sie als typische Corgi-Welpen. Die Vermutung, dass beide Rassen gleiche Ahnen gehabt haben können, würde sich mit der geschichtlichen Entstehung des Lancashire Heeler decken. Laut dieser soll er aus dem Manchester Terrier und dem Welsh Corgi entstanden sein.

Iris Combes Theorie

Eine weitere Theorie zur Abstammung, Entwicklung und Entstehung wird durch Iris Combe beleuchtet. Ihre ist an der von Clifford Hubbard angelehnt, allerdings mit einem zusätzlichen Blickwinkel. Während der Steinzeit lebten die ersten Bewohner der britischen Inseln in der Küstenregion. Diese hatten Haustiere, welche sie für heidnische Rituale nutzten. Sie lebten nur von dem, was sie umgab, wie Fische und Beeren. Im Nordwesten des Landes hatten die Seevögel ihre Kolonien an den Felshängen und boten somit auch ein reichhaltiges Angebot an Fleisch und Eiern zur Ernährung der Menschen. Die dort lebenden Wildhunde wurden domestiziert, um diese Nahrungsquelle nutzen zu können. Somit begann die Verwendung der Hunde als Helfer und Kamerad. Als die keltischen Horden von Europa emigrierten, kamen sie an die westlichen Küsten. Die greyhoundartigen Jagdhunde, die sie mit sich führten, starben bald aus oder wurden mit den einheimischen Hunden gekreuzt. Bis heute gibt es auf einer Insel vor der Küste Norwegens eine Rasse, die sich seit tausend Jahren nicht verändert hat: Es ist der Lundehund. Dieser wird seit Jahrhunderten für die Jagd auf Wildvögel genutzt. Der Lundehund hat ebenfalls eine Ähnlichkeit, besonders im Kopf, zu einem hochbeinigen Corgi Pembroke mit Rute. Er kann seine Ohren so zurücklegen, dass der Ohrenkanal für Wasser verschlossen ist. Im Nacken und in den Schultern ist er sehr beweglich, was ihm ermöglicht, durch die Felsen zu den Nestern der Vögel zu gelangen. Er hat auch zusätzliche Zehen, um noch mehr halt an den Klippen zu haben. Seine Farbe ist Rot-Weiß mit leichtem Sable an Kopf und Rücken.

Der Lundehund hat eine gewisse Ähnlichkeit zum Welsh Corgi Pembroke.

Ires Combe, die mit nordischen Forschern arbeitete, weist darauf hin, dass der Handel mit Fleisch, Federn, Eiern und Öl ein wichtiger Handelszweig war. Im 8. Jahrhundert waren die skandinavischen Wikinger bekannt für ihre Ausflüge zu den britischen Küsten, so wie Anglesey, um an diese Waren zu gelangen. Auch sie führten Hunde mit sich, die sie vor Ort zur Jagd nutzten. Während der späteren Invasion Großbritanniens ließen sich viele Nordmänner an den Küstenregionen nieder. Sie importierten ihre eigenen Nutztiere und Hunde, die der Beschreibung von Clifford Hubbard entsprachen. Die nordischen Hunde für die Wildvogeljagd sind im Gegensatz zum Vallhund mit dem Lundehund vergleichbar. Die Frage der Farbentstehung beim Corgi, welche bei Clifford Hubbard offen war, wäre folglich geklärt, wenn man davon ausgeht, dass der Lundehund mit einheimischen Hunden verpaart wurde. Im Weiteren ist ebenfalls festzuhalten, dass sowohl die Wikinger, welche die Küstenregionen besiedelten, als auch der Lundehund in Norwegen beheimatet sind, wohingegen der Vallhund aus Schweden stammt. Iris Combe kam während der Ausarbeitung ihrer Theorie zu dem Schluss, dass der Corgi für den Handel mit Fleisch und Federn der Wildvögel eine entscheidende Rolle gespielt haben muss. Der kleine fuchsähnliche Hund wurde auch eingesetzt, um große Gänsescharen vom Bauernhof zum Wochenmarkt zu treiben, wo die Gänse dann verkauft wurden. Der Corgi war durch seine Fähigkeiten im Hüten und Treiben die perfekte „Besetzung" für diese Aufgaben. In seinem häuslichen Umfeld war der Corgi der kleine, unbestechliche Beschützer seiner Familie und bewachte den Bauernhof und den Viehbestand bei Nacht. Die fortschreitende Industrialisierung führte jedoch sehr bald dazu, dass der kleine Corgi durch die Bauern nicht mehr benötigt und immer weniger als Arbeitshund eingesetzt wurde.

Heute werden Corgis nur noch gelegentlich für die Arbeit am Vieh eingesetzt.

Namensentstehung

Wann sich der Name Corgi genau verbreitet hat oder gar entstanden ist, bleibt nur eine Mutmaßung, die ebenfalls auf vielen Theorien basiert. Es liegt zum Teil daran, dass in früherer Literatur der Name Corgi zwar ab und an erwähnt wurde, jedoch war er den meisten bis ins 18. Jahrhundert unbekannt.

Hinweis
Ausgehend von der Herkunft des Corgis ist die etablierte Mehrzahlbildung „Corgis" eigentlich nicht korrekt, denn die walisische Mehrzahl von Corgi lautet „Corgwn". Im deutschen Sprachgebrauch ist die Bezeichnung „Corgis" im Plural aber üblich und wird daher in diesem Buch auch so verwendet.

Erst in viel späteren Aufzeichnungen war nachzuvollziehen, um welchen „Corgi-Typ" es sich handelte, da bei vielen Niederschreibungen der Name Corgi in seiner Zweideutigkeit zu lesen war, aber nicht direkt mit dem Cardigan oder Pembroke assoziiert werden konnte. Somit gestalteten sich die Nachforschungen sehr schwierig. In einem alten walisischen Wörterbuch von 1853 taucht die Definition Corgi als „Cur Dog" auf, welche auch bis 1574 in diesem Zusammenhang zurückverfolgt wurde. Man fand heraus, dass die Bezeichnung „Cur dog" dort nur im Zusammenhang mit Arbeitshund, im Gegensatz zum Schoßhund, in Verbindung stand. Einige Deutungen wiederum weisen auf das Wort „cur" hin, das als „überwachen" oder „darauf aufpassen" übersetzt werden kann. In einer weiteren Deutung beschreibt das Wort „cur" kleine Hunde, die über Jahrhunderte das Vieh und den Menschen auf den Farmen von Wales beschützten. Allerdings ist das Wort „cur" zur damaligen Zeit nicht expliziert auf den Corgi abzuleiten.

So werden im alten walisischen Gesetz drei Arten des „cur" erwähnt: der watch cur (Wachhund), der shepherd´s/herdsman´s cur (Schäfer- oder Viehtreibhund) und der house cur (Haushund), welche alle unter „cur" zusammengefasst wurden. Dies ist wahrscheinlich die meist verbreitete Theorie, welche auch durch Hubbards jahrelange Forschungen zu der Entstehungsgeschichte gestützt wird. Andere wiederum glauben, dass „Corgi" ein keltisches Wort für Hund ist und zur Zeit der normannischen Eroberung entstand. Jeder Hund wurde von den Normannen als Corgi oder Curgi bezeichnet, allerdings war die walisische Bezeichnung für Corgi auf alle kleinen Viehhunde gerichtet.

Weiteren Interpretationen zur Folge setzt sich das Wort Corgi aus zwei Wortteilen zusammen, zum einen aus „Cor", welches dem walisischen Wort dwarf (der Zwerg) entspricht,

Die Bezeichnung „ein Yard langer Hund" könnte durchaus auf einen Cardigan zutreffen (siehe nächste Seite).

und „gi“, die walisische Form des Wortes „ci“, was Hund bedeutet. In der Zusammensetzung bedeutet es dann „Zwerghund“, aber nicht im Sinne eines Fabelwesens, sondern aufgrund der Bedeutung „kleiner Hund“.
Es gibt auch die Vermutung, dass „Corgi“ eine Abkürzung vom walisischen „Corlan Gi“ ist, dies könnte Schafhirtenhund heißen. Im Irischen heißt Schaf „Cor“, deren sprachliche Wurzel im walisischen „Cor-lan“ liegt, was mit „behüten“ übersetzt werden könnte. Im südlichen Wales ist die Bezeichnung für kleiner Rabauke „Y Corgi Bach“ bekannt und könnte ebenfalls zur Namensgebung beigetragen haben. Wer von wem den Namen erhalten hat, bleibt offen.
In Pembrokeshire wurde er auch „Ci Sodli“ genannt, was so viel wie Fersenbeißer heißt. In Cardigan war der Hund unter „Ci Sawdlo“ bekannt, was sowohl Ferse als auch Lump bedeutet. Eine weitere Bezeichnung in anderen Gegenden war „Ci Jlathed“, dies heißt so viel wie „ein Yard langer Hund“. Ausgehend von der Tatsache, dass ein walisischer Yard länger ist als ein englischer, könnte damit ein Cardigan gemeint sein, dessen Maße von der Nase bis zur Schwanzspitze in etwa diese Länge erreichen.

Auch raue Klimaverhältnisse machen dem Welsh Corgi nichts aus.

Aufgaben und Verwendung der Corgis

Auf den Farmen und Hügeln von Wales werden Hunde als Herding Dogs (Hütehunde) oder Heeler (Treibhunde) verwendet. Das Synonym „Heeler" wird abgeleitet aus der Verfolgung und dem Kneifen des Viehs in die Hinterläufe während des Treibens (heel bedeutet Ferse).
An dieser Stelle sei angemerkt, dass der Corgi mehr ein Treib- als ein Hütehund ist. Aufgrund seiner geringen Größe bedient er sich allerdings nicht vorrangig des Fersenkneifens, wie beispielsweise der Australian Cattle Dog, sondern korrigiert das Vieh hauptsächlich über das Kneifen in die Fesseln, welche sich direkt über den Klauen des Nutztieres befinden. Hierdurch wird ihm ein schnelleres Wegducken vor den ausschlagenden Hinterläufen und damit einhergehend eine höhere Arbeitsgeschwindigkeit ermöglicht.
Die Freiflächen in Cardigan- und Pembrokeshire stellten landwirtschaftliche Nutzgebiete für die Viehzucht in Wales dar. Viele der Bauernhöfe lagen in der Nähe von steinigen Hügeln. Aufgrund der sehr rauen Wetterverhältnisse in diesen Gebieten war es wichtig, die Zucht des Viehs so zu betreiben, dass es an die gegebenen Klimaverhältnissen angepasst war. Die Bauern in Wales züchteten neben Rindern auch Schafe, Ziegen und Gänse. Damit das Vieh auch einen Ertrag für die Bauern erzielte, war es grundsätzlich notwendig, es auf die Marktplätze der Regionen zu treiben. Auch im Rahmen der damaligen Milchproduktion mussten die Rinder aus dem Stall auf die Weide, zum Melken, Tränken und zurück in den Stall getrieben werden. Es war daher für die Bauern nicht praktikabel, das Nutzvieh einzuzäunen. Folglich war ein Hüte- und Treibhund zur Unterstützung der Bauern erforderlich.
Zur damaligen Zeit war der Lebensstandard der Bauern sehr niedrig, infolgedessen wurde ein vierbeiniger Begleiter benötigt, der recht genügsam war. Somit durfte der Hund also nicht besonders groß sein, musste die Fähigkeit zum Treiben besitzen und wendig genug sein, um den Tritten der Herde ausweichen und sich wegducken zu können. Er benötigte eine gewisse Substanz und einen kräftigen Schädel, um auch einen Tritt vom Rind schadlos überstehen zu können. Ausgehend von den harschen Wetterverhältnissen musste sein Fell wetterbeständig und schützend sein. Eine weitere unabdingbare Anforderung an den vierbeinigen Helfer war ein selbstbewusstes Wesen, jedoch frei von Aggressivität. Als Treibhund musste er eigenständig handeln und das Vieh auf Kurs halten, ohne es dabei zu verletzen. Hierzu bediente er sich des Fesselkneifens. Auch die Ratten und Ungeziefer hielt er vom Haus fern.
Corgis sind sehr anpassungsfähig und der Corgi von einst wurde mehr und mehr auch zum Haus- und Begleithund. Es entwickelte sich ein kleines, seinem Herren treu ergebenes Allroundtalent, das von den Walisern Corgi genannt wurde! Heute ist der Welsh Corgi Pembroke der kleinste Hund der „Herding Group".

Der Corgi muss bei der Arbeit schnell und wendig sein.

Entwicklung der beiden Rassen

Bei der Zucht ihrer kleinen Allroundtalente schlugen die Einwohner von Cardigan- und Pembrokeshire unterschiedliche Wege ein. Wie schon weiter oben erwähnt, wird vermutet, dass die einheimischen Blutlinien des Welsh Corgi Cardigans von skandinavischen oder zentraleuropäischen Laufhunderassen beeinflusst wurden, wobei der Welsh Corgi Pembroke auf skandinavische Spitzrassen zurückgeht. Obwohl es Gemeinsamkeiten gibt, denn beide Rassen dienten demselben Zweck und hatten die gleichen Aufgabenbereiche, bleibt ihre Verwandtschaft ein Rätsel. Auch dass Cardiganshire im Norden und Pembrokeshire im Süden durch das Cambrian Gebirge in der Mitte von Wales voneinander getrennt sind, sollte man bei der Entwicklung dieser beiden Rassen nicht außer Acht lassen. Bevor der kleine robuste Hund die Welt des britischen Königshauses eroberte, war er nur wenig bekannt. Die Hunde waren als Farm- und Arbeitshunde die Unterstützer der Bauern. Zu diesem Zeitpunkt gab es noch keine Unterteilung in zwei Rassen und so kreuzte man bis in die zweite Hälfte der 1820er-Jahre die Pembroke und Cardigan Corgis oft miteinander.

Welsh Corgi Cardigan-Wurf zur Coersmühle 1975

Der kleine familiäre Hund mit dem langen Rücken war bekannt als „welsh cure" und unter dieser Klassifikation wurde der Corgi auch auf den ersten Ausstellungen in Wales 1892 geführt. Zunächst war es nur eine kleine Gruppe von Liebhabern mit Visionen und großem Vertrauen in ihren kleinen Begleiter. Sie führten den Corgi vom Bauernhof in die Öffentlichkeit der Hundeausstellungen. Dieser Glaube an ihre kleinen Hunde ging so weit, dass Capitain J. Howell im Jahr 1925 ein Treffen der Rasseliebhaber im Haverforest zusammenrief, aus dem letztendlich die Gründung des „Corgi Clubs" hervorging. Capitan J. Howell war der erste Vorsitzende des Corgi Clubs, der sich aus Anhängern des Pembroke-Typs und des Cardigan-Typs zusammensetzte. Allerdings bevorzugte die überwiegende Mehrheit im Club den Pembroke-Typ. Im selben Jahr wurde der Corgi durch den Kennel Club anerkannt und durfte nun unter der Sparte „Other Variety Not Classified" auf Ausstellungen geführt werden. Im

Zuge ihres schwindenden Einflusses verließen die Liebhaber des Cardigan-Typs den Corgi Club und gründeten im Jahr 1926 die eigenständige „Cardigan Welsh Corgi Association". Nahezu zeitgleich wurde der Name „Corgi Club" in „Welsh Corgi Club" geändert und unter diesem offiziell beim englischen Kennel Club registriert.
Die unermüdlichen Anstrengungen der Corgi-Liebhaber, ihren Lieblingen die gewünschte Anerkennung zu verschaffen, trug im Jahr 1928 endlich Früchte, als der Kennel Club den Welsh Corgi aus der Sparte „Other Variety not Classified" in die Sparte „Non Sporting Group" (Nichtjagdhunde) erhob, was einem Ritterschlag gleichkam. Zusätzlich wurden dem Welsh Corgi die heißersehnten Wettkampf-Zertifikate gewährt, die es ihm ermöglichten, Champion-Titel zu erlangen, wodurch ihm offiziell Beachtung in der Öffentlichkeit geschenkt wurde. Der erste Welsh Corgi, der einen Champion-Titel erhielt, war eine rote Pembroke-Hündin mit dem Namen „Shan Fach" auf der Crufts im Jahr 1929. Im selben Jahr gewann auch der Pembroke-Rüde „Bonny Gyp" einen Champion-Titel und war somit der erste Rüde mit einer solchen Auszeichnung.

Welsh Corgi Pembroke Ynghariad i Valentin 1975

Wenig später ordnete sich auch der Cardigan-Typ in die Reihe der Champions ein. Hier waren es „Golden Arrow" und die „Hündin Nell of Twyn", welche 1931 die ersten Champion-Titel auf Ausstellungen erhielten. Die erste Welsh Corgi Cardigan-Hündin, die in Amerika einen Champion-Titel gewann, war Magan 1933. Golden Arrow war der Sohn des berühmten Cardigan Corgi „Bob Llwyd", der 1926 den Grundstein des Standards für den Cardigan Corgi legte.

Welsh Corgi Cardigan Rowbarge Delaney und Amiable Schira oft the Royal Dogs 1973 – das erste Zuchtpaar in Deutschland.

Zu diesem Zeitpunkt standen sowohl der Pembroke-Typ als auch der Cardigan-Typ noch zusammen in einem Ausstellungsring. Die Anerkennung und Wertschätzung des Welsh Corgis durch die Öffentlichkeit führte jedoch zu Chaos und Unruhen in der Corgi-Szene. Der Grund hierfür lag in der bereits oben erwähnten Tatsache, dass der Pembroke Corgi und der Cardigan Corgi als eine gemeinsame Rasse beim Kennel Club geführt wurden und nach einem Standard in einem Ausstellungsring gerichtet wurden. Die Hunde variierten in ihrem

Aussehen aber so stark, dass die Besitzer oft vom Richter gefragt wurden „Was ist das?" und alle anderen Anwesenden ebenfalls stark irritiert waren.
So war es üblich, dass große und kleine Hunde, kräftig oder zierlich, mit oder ohne Schwanz, lang- oder kurzhaarig, mit geraden oder gebogenen Vorderbeinen als Corgi zusammen in einem Ausstellungsring standen. Es gab durchaus auch Richter, die sich über den Schäferhund auf kurzen Beinen lustig gemacht haben. Einige der ausgestellten Hunde waren reinrassiger Herkunft, andere waren von unbekannter oder fragwürdiger Herkunft, wieder andere waren Kreuzungen aus beiden Typen.
Ebenso durcheinander, wie die Hunde im Ausstellungsring, waren auch die dazugehörigen Ahnentafeln und Abstammungsnachweise, denn man darf nicht vergessen, dass der Corgi ein Bauern- und Gebrauchshund war und die Besitzer Mühe hatten, diese vielen Namen als Stammbäume zu führen. Aber sie taten es dennoch und schrieben sie in Schreibheften, Notizbüchern und auf losen Blättern nieder.
Bei den fortlaufenden Namensgebungen bekamen die Welsh Corgi Cardigans walisische Namen und die Pembrokes englische Namen. Es gibt heute teilweise noch Cardigan-Züchter, die an dieser Tradition festhalten. Der erste Welsh Corgi mit Stammbaum, der im Kennel Club registriert wurde, war die Pembroke-Hündin „Rose".
Die anhaltende Spannung zwischen den Corgi-Liebhabern des Cardigans und des Pembrokes gipfelte in einer offenen Feindseligkeit. Sie ging so weit, dass die Liebhaber eines Typs ihre Hunde nicht unter einem Richter ausstellten, von dem vermutet wurde, dass er den anderen Typ bevorzugen würde. So unbefriedigend diese Situation auch war, hat sie rückblickend dazu beigetragen, dass die dauerhafte Vermischung und somit den Verlust von zwei unterschiedlichen Welsh Corgi-Typen verhindert wurde.
Im Jahre 1934 war es so weit: Der Kennel Club Großbritanniens erkannte den Cardigan Corgi und den Pembroke Corgi als separate Rassen mit separaten Rassestandards an. Auch die Verpaarungen der beiden Rassen untereinander waren ab diesem Zeitpunkt nicht mehr gewünscht. Zur Zeit dieser Teilung gab es 59 Welsh Corgi Cardigans und 240 Welsh Corgi Pembrokes, die registriert waren.
Im gleichen Jahr erlaubte der Kennel Club das Kupieren der Rute des Pembroke Corgi und kam damit dem Anliegen der Pembroke-Züchter nach, eine größere Einheitlichkeit im äußeren Er-

Welsh Corgi Pembroke-Wurf El Jaliscos 1980

scheinungsbild des Welsh Corgi Pembrokes zu manifestieren. Der Welsh Corgi Cardigan hingegen trägt seinen Schwanz bis zum heutigen Tage lang. (Hierzu später mehr.)
Für den Corgi-Typ aus Pembrokeshire war es ein großes Glück, dass viele erfahrene Züchter des Sealyham Terriers zu seinen Liebhabern und Unterstützern zählten, die mit ihrem Wissen und ihren Erfahrungen das Zuchtgeschehen nachhaltig positiv beeinflussten.
Mrs Thelma Gray, zur damaligen Zeit bekannte und erfolgreiche Züchterin, nahm den Pembroke in ihre bekannte Zuchtstätte Rozavel auf. Aus Ihrer Zucht stammten die ersten Welsh Corgi Pembrokes der englischen Königsfamilie. Mrs Thelma Gray war es auch, der es gelang, das Blue Merle-Gen des Welsh Corgi Cardigans wieder zu beleben, welches zur damaligen Zeit verloren schien. Sie züchtete unzählige Champions und stand der Königin Elisabeth beratend zur Seite. Durch die Schirmherrschaft des britischen Königshauses erlangte der Welsh Corgi internationale Bekanntheit, was der Beginn seines unaufhaltsamen Siegeszugs war.
Nach dem Ende des Zweiten Weltkriegs waren 61 Welsh Corgi Cardigans und 1956 Welsh Corgi Pembrokes registriert. Im Jahr darauf 1946 waren es bereits 136 Cardigans und 3142 Pembrokes. Von diesem Zeitpunkt an wuchs der Corgi Club unaufhörlich und mit ihm die Popularität. Zwischen 1950 und 1960 wurden etwa 8000 Hunde verzeichnet, sodass 1965 ein separater Süd Wales Club vom Kennel Club genehmigt wurde. Bis heute gibt es 13 Clubs im Vereinigten Königreich, aber nur einen in Deutschland, den CfBrH (Club für Britische Hütehunde). Hier wurde der erste Corgi nach dem Krieg 1961 im Zuchtbuch eingetragen unter dem Namen Rozavel Temerity aus der Zucht von Thelma Gray. Durch das vermehrte Interesse an dem Welsh Corgi Pembroke trat der Cardigan mehr in den Schatten und es gab nur wenig Züchter, die sich dieser Rasse annahmen, was leider bis heute so geblieben ist. Trotz seiner vielen guten Eigenschaften hat er immer noch eine vergleichbar kleine Zahl von Anhängern, im Gegensatz zum Welsh Corgi Pembroke. Erst Anfang der 1950er-Jahre importierten einige Niederländer den Welsh Corgi Cardigan mit englischen Linien und etablierten in den 1960er-Jahren die niederländische Cardigan-Zucht zur führenden Zucht auf dem Kontinent. 1971 begann man auch in Dänemark Cardigans zu züchten, deren Grundlage ihrer Zucht auf niederländischen Cardigans basierte. Auch unsere Zucht wurde von Anfang an durch holländische Hunde beeinflusst. Dem unermüdlichen Enthusiasmus und einer Vision weniger Menschen haben wir es zu verdanken, dass diese zwei tollen Rassen heutzutage unser Leben bereichern.

Einzug ins Königshaus

Der erste Corgi, der die heiligen Hallen des Königshauses durchstreifte, war bekannt als „Dookie" Rozawel Golden Eagle. König George VI (damals Herzog von York) kaufte ihn 1933 als Welpen von Thelma Gray für seine Töchter als Spielkameraden. Drei Jahre später folgte ihm die Hündin „Jane", die an Heilig Abend des Jahres 1936 einen Wurf hatte, aus welchem die königliche Familie „Cracker" und „Carol" behielt. Zu ihrem 18. Geburtstag erhielt Prinzessin Elizabeth die Hündin „Susan", die am 20. Februar 1944 geboren wurde und am 26. Januar 1959 starb. In den folgenden Jahren hatte die Königin über zehn Generationen Hunde, die in direkter Linie von ihrer ersten Hündin Susan abstammten, so auch ihre letzte Corgi-Hündin „Willow" , die am 19.4.2018 mit 15 Jahren euthanasiert wurde und somit eine Ära im Königshaus beendet war. Trotz des Umstandes, dass die Zucht der Welsh Corgis nach dem Zweiten Weltkrieg nahezu zum Erliegen kam, erhielt Königin Elisabeth nach einem Briefwechsel mit C.J. Hovell im Jahr 1947 als Geschenk zu ihrer Hochzeit erneut einen Welsh Corgi aus Pembroke mit dem Namen „Solva Biscuit".

Der Rassestandard

Der Originalstandard einer Rasse wird immer im Ursprungsland festgelegt. Aber was ist eigentlich ein Rassestandard? Ja, es ist trockene Lektüre, aber im Hinblick auf die Entwicklung einer Rasse sollte sich jeder die Zeit nehmen, sie zu lesen. Hier werden der perfekte Welsh Corgi Cardigan und Welsh Corgi Pembroke anatomisch sowie charakterlich beschrieben. Natürlich sollte auch jedem klar sein, dass es in der Wirklichkeit keine fehlerfreien Hunde gibt, aber niemand sollte sich dazu verleiten lassen, einen Rassestandard nach eigenem Ermessen auszulegen. Auch wenn Ihr Hund nicht die Zucht bereichert oder Shows besucht und „nur" die Rolle des treuen Begleiters der Familie einnimmt, wird Ihnen der Standard dabei helfen, einige Dinge an Ihrem Hund besser zu verstehen. Dazu zählen das Verhalten, die Bewegung, eventuelle Einschränkungen und vieles mehr.

Rassestandard Welsh Corgi Cardigan

Der Rassestandard für den Welsh Corgi Cardigan wurde am 12.11.1963 durch die FCI anerkannt und am 30.10.2016 das letzte Mal aktualisiert.

FCI-Standard Nr. 38
Ursprung: Großbritannien
Verwendung: Schäferhund und Begleithund
Klassifikation:
Gruppe 1: Hütehunde und Treibhunde (ausgenommen Schweizer Sennenhunde).
Sektion 1: Schäferhunde. Ohne Arbeitsprüfung.
Allgemeines Erscheinungsbild:
Stabil, robust, beweglich, zu Ausdauer befähigt. Lang im Verhältnis zur Höhe. Rute fuchsschwanzähnlich, in einer Linie mit dem Körper angesetzt.
Wichtige Proportionen:
Länge des Fangs im Verhältnis zu der des Schädels wie 3 zu 5.
Verhalten/Charakter:
Wachsam, aktiv und intelligent, ausgeglichen, weder scheu noch aggressiv.
Kopf: In Form und Aussehen fuchsartig.
Oberkopf:
Schädel: Zwischen den Ohren breit und flach, verjüngt er sich zu den Augen hin, über denen er leicht gewölbt ist.
Stopp: Mäßig ausgebildet.
Gesichtsschädel:
Nasenschwamm: Schwarz, Nase etwas vorragend, auf keinen Fall stumpf.
Fang: Verjüngt sich allmählich zur Nase hin.
Kiefer/Zähne: Kräftige Zähne, Scherengebiss, wobei die obere Schneidezahnreihe ohne Zwischenraum über die untere greift und die Zähne senkrecht im Kiefer stehen. Der Unterkiefer ist ebenmäßig, kräftig, aber nicht zu auffällig.

Ein Rüde der Rasse Welsh Corgi Cardigan

Augen:
Mittelgroß, klar, mit freundlichem, aufgewecktem,aber wachsamem Ausdruck, ziemlich weit voneinander mit klar gezeichneten Augenwinkeln eingesetzt. Vorzugsweise dunkel oder mit der Farbe des Haarkleids harmonierend. Lidränder dunkel. Blassblaue, blaue oder blau gesprenkelte Augen (eins oder beide) sind ausschließlich bei Blue Merles zulässig.

Ohren:
Aufrecht, ziemlich groß im Verhältnis zur Größe des Hundes. Spitzen leicht abgerundet, am Ansatz mäßig breit und ungefähr 8 cm voneinander entfernt, gut nach hinten angesetzt, sodass sie der Länge nach auf den Hals gelegt werden können. Sie werden so getragen, dass sich die Spitzen etwas außerhalb einer gedachten Linie von der Nasenspitze durch die Augenmitte befinden.

Hals:
Muskulös, im Verhältnis zum Gebäude des Hundes gut entwickelt und mit harmonischem Übergang in die schräg gelagerten Schultern.

Körper:
Ziemlich lang und kräftig.
Oberlinie: Gerade.
Flanken: Die Taille zeichnet sich deutlich ab.
Brust: Brustkorb mäßig breit mit betontem Brustbein.
Brust tief. Rippen gut gewölbt.

Rute:
Der Rute eines Fuchses ähnlich, in einer Linie mit dem Körper angesetzt, mäßig lang (den Boden berührend oder fast berührend). Im Stand niedrig getragen darf sie in der Bewegung leicht über Körperhöhe erhoben, jedoch nicht über den Rücken gerollt getragen werden.

Gliedmaßen:
Kräftige Knochensubstanz. Läufe kurz, allerdings muss der Körper noch über eine gute Bodenfreiheit verfügen.
Vorderhand:
Schultern: Gut gelagert, zum Oberarm in einem Winkel von ungefähr 90 Grad stehend, muskulös.
Ellenbogen: Dicht an den Seiten des Brustkorbes anliegend.
Unterarm: Leicht gebogen, um sich der Wölbung des Brustkorbes anzupassen.
Vorderpfoten: Rund, mit eng aneinanderliegenden Zehen, ziemlich grob, mit gut gepolsterten Ballen. Leicht nach außen gedreht.
Hinterhand:
Kräftig, gut gewinkelt, Ober-und Unterschenkel muskulös und gut gestellt. Bis zu den Pfoten hinabreichende kräftige Knochensubstanz. Läufe kurz.
Hintermittelfuß: Im Stand, von der Seite und von hinten gesehen, senkrecht stehend.
Hinterpfoten: Rund, mit eng aneinanderliegenden Zehen, ziemlich grob, mit gut gepolsterten Ballen.

Gangwerk:
Frei und aktiv. Ellenbogen den Körperseiten dicht angepasst, dabei aber weder lose noch zu fest anliegend. Vorderläufe, ohne dass sie zu stark angehoben werden, gut nach vorne ausgreifend, dabei im Einklang mit dem Schub aus der Hinterhand.
Haarkleid:
Haar: Kurz oder mittellang, von harter Textur, wetterfest mit guter Unterwolle. Vorzugsweise glatt.
Farbe: Jede Farbe, mit oder ohne weiße Abzeichen.
Weiß sollte jedoch nicht vorherrschen.
Größe und Gewicht:
Ideale Widerristhöhe: 30 cm.
Gewicht: Proportional zur Größe, wobei eine ausgewogene Gesamterscheinung von vorrangiger Bedeutung ist.

Fehler:
Jede Abweichung von den vorgenannten Punkten muss als Fehler angesehen werden, dessen Bewertung in genauem Verhältnis zum Grad der Abweichung stehen sollte und dessen Einfluss auf die Gesundheit und das Wohlbefinden des Hundes und seine Fähigkeit, die verlangte rassetypische Arbeit zu erbringen, zu beachten ist.
Disqualifizierende Fehler:
- Aggressive oder übermäßig ängstliche Hunde.
- Hunde, die deutlich physische Abnormalitäten oder Verhaltensstörungen aufweisen, müssen disqualifiziert werden.

N.B.: Rüden müssen zwei offensichtlich normal entwickelte Hoden aufweisen, welche sich vollständig im Hodensack befinden. Zur Zucht sollen ausschließlich funktional und klinisch gesunde, rassetypische Hunde verwendet werden.

Rassestandard Welsh Corgi Pembroke

Der Rassestandard für den Welsh Corgi Pembroke wurde am 13.11.1963 durch die FCI anerkannt und am 4.11.2010 das letzte Mal aktualisiert.

FCI-Standard Nr. 39
Ursprung: Großbritannien.
Verwendung: Schäferhund.
Klassifikation:
Gruppe 1: Hütehunde und Treibhunde (ausgenommen Schweizer Sennenhunde). Sektion 1: Schäferhunde.
Ohne Arbeitsprüfung.
Allgemeines Erscheinungsbild:
Tiefgestellt, kräftig, robust, wachsam und lebhaft, in kleinem Format erweckt er den Eindruck von Substanz und Zähigkeit.

Wichtige Proportionen:
Länge des Fangs im Verhältnis zu der des Schädels wie 3 zu 5.
Verhalten/Charakter:
Dreist und geschickt. Überlegen und freundlich, weder nervös noch aggressiv.
Kopf:
Fuchsähnlich in Form und Erscheinung, mit lebhaftem, intelligentem Ausdruck.
Schädel: Zwischen den Ohren ziemlich breit und flach.
Stopp: Mäßig ausgeprägt.
Gesichtsschädel:
Nasenschwamm: Schwarz.
Fang: Leicht spitz zulaufend.
Kiefer/Zähne: Kräftige Kiefer mit einem perfekten, regelmäßigen und vollständigen Scherengebiss, wobei die obere

Schneidezahnreihe ohne Zwischenraum über die untere greift und die Zähne senkrecht im Kiefer stehen.

Augen:

Gut eingesetzt, rund, von mittlerer Größe, braun, der Fellfarbe angepasst.

Ohren:

Aufgerichtet, mittelgroß, leicht abgerundet. Die Verlängerung einer gedachten Geraden von der Nasenspitze durch das Auge sollte in ihrer Verlängerung durch die Spitze des Ohres oder geringfügig daneben verlaufen.

Hals:

Angemessen lang.

Körper:

Obere Profillinie: Mittlere Länge, keine kurze Lendenpartie, von oben betrachtet sich leicht verjüngend.

Rücken: Gerade.

Ein Rüde der Rasse Welsh Corgi Pembroke

Brust: Breit und tief, gut zwischen den Vorderläufen herunterreichend. Gut gewölbte Rippen

Rute: (Vorzugsweise angeboren) kurz.

Kupiert: Kurz.

Unkupiert: In der Verlängerung der Rückenlinie angesetzt. Während der Bewegung oder wenn aufmerksam ist die natürliche Haltung oberhalb der Rückenlinie.

Gliedmaßen:

Vorderhand:

Schulter: Gut gelagert und im Winkel von 90° zum Oberarm stehend.

Oberarm: Fest der Wölbung des Brustkorbs angepasst.

Ellenbogen: Gut an den Körperseiten anliegend, dabei weder lose noch zu fest.

Vordermittelfuß: Kurz und so gerade wie möglich, bis zu den Pfoten hinabreichend kräftige Knochensubstanz.

Vorderpfoten: Oval, kräftig, gut gewölbte und fest geschlossene Zehen, die beiden mittleren Zehen geringfügig vor den beiden äußeren stehend. Ballen kräftig und gut gepolstert. Nägel kurz.

Hinterhand :

Allgemeines: Kräftig und geschmeidig. Läufe kurz, bis zu den Pfoten hinabreichende kräftige Knochensubstanz.

Knie: Gut gewinkelt

Sprunggelenk: Von hinten gesehen gerade.

Hinterpfoten: Oval, kräftig, gut gewölbte und fest geschlossene Zehen, die beiden mittleren Zehen geringfügig vor den beiden äußeren stehend. Ballen kräftig und gut gepolstert. Nägel kurz.

Gangwerk:

Frei und aktiv, weder lose noch gebunden. Vorderläufe, ohne dass sie zu hoch angehoben werden, gut nach vorne ausgreifend, dabei im Einklang mit dem Schub aus der Hinterhand.

Haarkleid:

Haar: Mittlere Länge, gerade mit dichter Unterwolle, niemals weich, wellig oder drahtig.

Farbe: Einfarbig Rot, Sable, Rehfarben, Schwarz mit Brand, mit oder ohne Weiß an Läufen, Brustbein und Hals. Etwas Weiß am Kopf und am Fang ist zulässig.

Größe und Gewicht:

Widerristhöhe: ca. 25 bis 30 cm.

Gewicht: Rüden 10 bis 12 kg, Hündinnen 9 bis 11 kg.

Fehler:

Jede Abweichung von den vorgenannten Punkten muss als Fehler angesehen werden, dessen Bewertung in genauem Verhältnis zum Grad der Abweichung stehen sollte und dessen Einfluss auf die Gesundheit und das Wohlbefinden des Hundes zu beachten ist und seine Fähigkeit, die verlangte rassetypische Arbeit zu erbringen.

Disqualifizierende Fehler:

- Aggressive oder übermäßig ängstliche Hunde.
- Hunde, die deutlich physische Abnormalitäten oder Verhaltensstörungen aufweisen, müssen disqualifiziert werden.

N.B.: Rüden müssen zwei offensichtlich normal entwickelte Hoden aufweisen, die sich vollständig im Hodensack befinden. Zur Zucht sollen ausschließlich funktional und klinisch gesunde, rassetypische Hunde verwendet werden.

Interpretation der Rassestandards

Der Rassestandard ist eine Leitlinie und ein Maßstab, der für Zucht und Bewertung grundlegend sein sollte. Angesichts der im Standard beschriebenen Gemeinsamkeiten von Welsh Corgi Cardigan und Welsh Corgi Pembroke werden hier zum Verständnis des Idealbildes der beiden Rassen grundlegende Merkmale erläutert und die wesentlichen Unterschiede verdeutlicht.

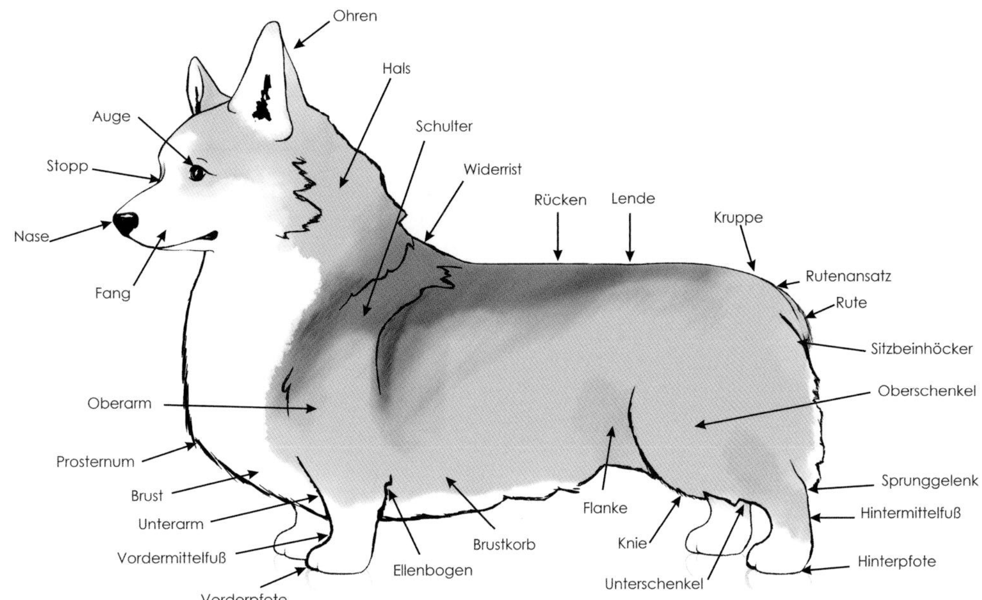

Allgemeines Erscheinungsbild

Das Schlüsselwort zum Verständnis der Standards beider Rassen ist „robust".
Es bezeichnet in diesem Zusammenhang die psychische und physische Stärke der beweglichen und ausdauernden Hunde, die eigenständig unter strengsten Bedingungen in der Lage sein mussten, den Zweck eines Arbeitshundes zu erfüllen.

Dieser Anforderung zugrunde liegend müssen eine Ausgewogenheit des Größenverhältnisses von Kopf zu Rumpf sowie die Verbindung zwischen Kraft, Beweglichkeit und Ausdauer gegeben sein. Die für ihre Größe äußerst kräftigen und langen Hunde müssen sich flexibel und geschmeidig bewegen können, was ebenfalls ein ausgewogenes Verhältnis von Größe und Gewicht voraussetzt. Hiermit ist die Balance zwischen den Merkmalen der beiden Rassen des Welsh Corgis gemeint, unabhängig vom Geschlecht. Für eine harmonische Gesamterscheinung und erstklassige Kondition ist ebenfalls zu erwähnen, dass Rüden maskulin und Hündinnen feminin wirken sollen. Das gesamte Erscheinungsbild hängt hierbei weniger von der Größe als vielmehr von der Gesamtkonstitution des Hundes ab.
Es gibt im Rahmen des Standards durchaus groß wirkende, aber dennoch sehr feminine und andererseits kleinere, aber eher maskulin wirkende Hündinnen. Gleiches trifft umgekehrt natürlich auch auf Rüden zu, wobei diese über zwei deutlich in den Hodensack eingelassene Hoden verfügen müssen.

Eine weitere Faszination geht von ihrem Wesen aus, in dem sich der ursprüngliche Verwendungszweck widerspiegelt. Sie sind sehr wachsam, lebhaft, intelligent und für ihre Größe sehr mutig und furchtlos. Im Ausstellungsring sollten sie sich frei, gelassen und aufmerksam, auf ihren Händler bezogen, bewegen. Ein unterwürfiges Verhalten oder scheues Zurückweichen sind wesensuntypische Verhaltensweisen für diese Rassen. Die körperliche Erscheinung, das Wesen und der Bewegungsablauf beider Rassen sollen sich zu einem harmonischen Gesamtgefüge vereinen.

Welsh Corgi Cardigan

Welsh Corgi Pembroke

Kopf

Die Kopfform der Welsh Corgis mit ihrem lebhaften und intelligenten Ausdruck machen sie unter den Hütehundrassen so einmalig. Beide Rassen werden in den Standardanforderungen mit fuchsartig beschrieben, allerdings trifft dies in der Realität nur auf den Pembroke zu.

Welsh Corgi Cardigan

Welsh Corgi Pembroke

In den Proportionen des Kopfes sind sich beide Rassen ähnlich und weisen nur geringfügige Unterschiede auf. Der Kopf beider Rassen sollte eine Übereinstimmung mit dem Geschlecht aufweisen. Die Kopfproportionen werden in einem Verhältnis von der Länge des Fangs im Verhältnis zu der des Schädels wie 3 : 5 beschrieben. Damit ist gemeint, dass 5 Teile auf die Strecke vom Stopp bis zum Hinterhauptbein entfallen und 3 Teile vom Stopp bis zur Nasenspitze. Somit ist die Schädelpartie immer länger als die des Fangs. Beide Ebenen, die des Schädels und die der Schnauze, sollten parallel zueinander verlaufen.

Beispielansicht: Welsh Corgi Cardigan

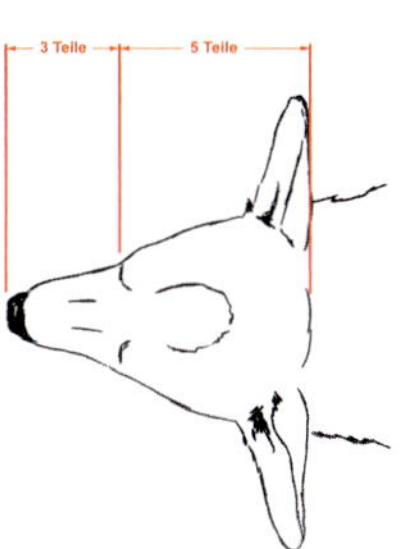

Welsh Corgi Pembroke

Der Oberkopf sollte zwischen den Ohren breit und flach sein, ohne dass der Hinterhauptknochen hervorsteht. Dieser neigt sich nach vorne, wobei er beim Cardigan eine zusätzliche Wölbung über den Augen aufweisen sollte und somit seine Kopfproportionen runder erscheinen lässt. Ein abfallender Oberkopf ist nicht gewünscht. Der Stirnabsatz (Stopp), der zwischen den Augen liegende Übergang vom Fang zum Oberkopf, wird als „mäßig ausgeprägt" beschrieben, dennoch muss er als Stufe wahrnehmbar sein, ein fließender Übergang oder ein zu ausgeprägter Stopp wären somit fehlerhaft. Bei einem erwachsenen Hund muss der Kopf über eine leichte Vertiefung zwischen den Augen verfügen und über ein nicht zu signifikantes Jochbein. Der Nasenrücken bzw. die obere Linie des Fangs muss gerade sein.

Beim Cardigan soll das Vorgesicht markanter sein als beim Pembroke.

Eine abfallende (roman nose) oder aufsteigende (dish face) Linie zur Nasenspitze hin sind völlig untypisch und nicht gewünscht. Der Fang sollte sich zum Nasenspiegel allmählich verjüngen und das Vorgesicht bei beiden Rassen ausfüllen. Zum korrektem Fang gehört ein ebenmäßiger und kräftiger Unterkiefer, der allerdings nicht zu auffällig sein sollte. Dennoch darf er nicht unter den Lefzen verschwinden und muss einen sauberen Abschluss ergeben. Die Lefzen sowie der Nasenspiegel sollten gut pigmentiert sein und in jedem Fall eine schwarze Farbe aufweisen, jede andere Nasenschwammfarbe ist nicht zulässig. Die Nase vom Cardigan wird im Gegensatz zu der vom Pembroke als etwas vorragend beschrieben, sollte aber nicht abgeflacht sein. Somit bekommt der Cardigan im Zusammenhang mit der Ausprägung des Fangs und der leichten Wölbung am Oberkopf über den Augen ein subtil markanteres Vorgesicht als der Pembroke.

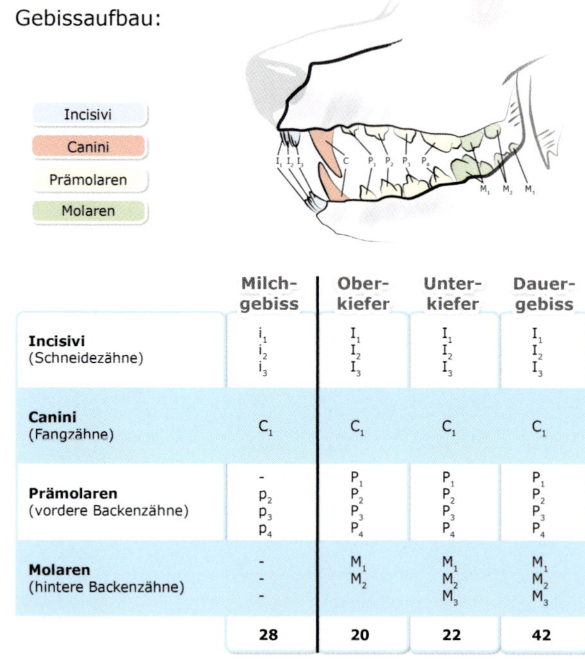

	Milchgebiss	Oberkiefer	Unterkiefer	Dauergebiss
Incisivi (Schneidezähne)	i_1 i_2 i_3	I_1 I_2 I_3	I_1 I_2 I_3	I_1 I_2 I_3
Canini (Fangzähne)	C_1	C_1	C_1	C_1
Prämolaren (vordere Backenzähne)	- p_2 p_3 p_4	P_1 P_2 P_3 P_4	P_1 P_2 P_3 P_4	P_1 P_2 P_3 P_4
Molaren (hintere Backenzähne)	- - -	M_1 M_2	M_1 M_2 M_3	M_1 M_2 M_3
	28	**20**	**22**	**42**

Gebiss

Der Cardigan und der Pembroke haben ziemlich beachtliche Beißwerkzeuge, die sie für ihre früheren Aufgaben auch dringend benötigten. Die Standardanforderungen an das Gebiss bei den britischen Hütehunden sind erfreulich hoch. Gefordert ist ein vollständiges Scherengebiss, welches keine Zwischenräume in den Zahnreihen aufweist. Die obere Zahnreihe greift über die untere Zahnreihe und die senkrecht angesetzten Zähne bilden einen sauberen Abschluss. Gefordert sind sechs Schneidezähne (Incisivi) in Ober- und Unterkiefer, wobei der Kieferbogen zwischen den vier Fangzähnen (Canini) breit sein muss, um einen kräftigen und trotz allem unauffälligen Fang zu gewährleisten. Zur weiteren Vollkommenheit der Anforderungen an das Gebiss beider Rassen gehören ebenfalls das vollständige Vorhandensein der sechzehn vorderen Backenzähne (Prämolaren), jeweils acht im Oberkiefer und im Unterkiefer, sowie die zehn hinteren Backenzähne (Molaren), vier im Oberkiefer und sechs im Unterkiefer.

Unerwünscht sind kleine Zähne oder zu schmale Kieferbögen. Ein Canini-Engstand ist grob fehlerhaft; er verhindert das korrekte Schließen der Fangzähne und sorgt durch ein Drücken in Ober- oder Unterkiefer für große Schmerzen. Außerdem sollen die verhältnismäßig großen Zähne beim Corgi in einem gut ausgebildeten, aber nicht zu kräftigen Kiefer eingebettet sein. Zuchtausschließend sind Rückbiss, Vorbiss, Kreuzbiss und Zangenbiss sowie das Fehlen von mehr als drei Zähnen. Es treten beim Welsh Corgi relativ selten Zahnfehlstellungen oder fehlende Zähne auf und mit gutem Verantwortungsbewusstsein seiner Rasse gegenüber kann man mit den Gesetzen der Genetik und einer sorgfältigen Selektion einen vollzahnigen Zuchtaufbau erreichen.

Augen

Die Augen sind von entscheidender Bedeutung für den jeweiligen rassespezifischen Ausdruck. Der freundliche, aufgeweckte und wachsame Ausdruck kann nur zustande kommen, wenn die Augen von richtiger Größe, Farbe und Form korrekt in den Augenhöhlen eingebettet sind. Gemeinsamkeit ist, dass die mittelgroßen Augen etwas schräg angesetzt sind, um dem Corgi als Hütehund eine periphere Sicht zu ermöglichen. Ebenfalls ist in beiden Rassen ein dunkles, mandelförmiges Auge gewünscht, welches mit der Farbe des Haarkleides harmoniert. Außerdem sollten die Lidränder bei beiden Rassen dunkel pigmentiert sein. Daneben gibt es aber zwischen den Rassen auch deutliche Unterschiede.
Die Augen des Cardigans sind ziemlich weit voneinander eingesetzt in einem klar gezeichneten Augenwinkel. Zu diesem bewirkt die Wölbung vom Oberschädel am oberen Augenlid eine stärkere Kurve als am unteren Augenlid. Hier ergibt sich ein rassetypischer Ausdruck nur aus der Harmonie der Wölbung des Oberkopfes zum perfekt angesetzten Auge des Cardigans. Hinsichtlich der Augenfarbe beim Cardigan ist beim Merle ein gewisser Spielraum geboten. Blaue Augen oder ein dunkles und ein blaues Auge bei Merle sind zulässig, jedoch in jeder anderen Fellfarbe als Merle ein Grund zur Disqualifikation. Der Pembroke darf in keinem Fall eine blaue Augenfarbe aufweisen. Fehlerhaft bei beiden Rassen sind zu kleine, zu tief eingesetzte oder hervortretende Augen, die den Ausdruck des Hundes stark verändern, ruinieren und sogar zu Erkrankungen führen könnten. Auch im Verhältnis zur Fellfarbe sind zu helle Augen nicht gewünscht, wobei „bernsteinfarbene" Augen und nicht pigmentierte Augenlider die Grenze der Fehlerhaftigkeit überschreiten.

Beim Cardigan dürfen blaue Augen in Kombination mit der Fellfarbe Blue Merle auftreten.

Ohren

Die Ohren in ihrer Form und Haltung tragen ebenfalls maßgeblich zum typischen Ausdruck beider Rassen bei. Hier ist ein grundlegender Unterschied zwischen beiden Rassen zu verzeichnen, jedoch kann man am Tragen der Ohren bei jedem Hund dessen Stimmungslage deuten. Die Ohren des Welsh Corgi Cardigans sollen groß und dominant im Verhältnis zur Größe des Hundes sein. Am Ansatz sind sie mäßig breit und ungefähr 8 cm voneinander entfernt. Sie sollen gut nach hinten angesetzt sein, sodass sie der Länge nach auf den Hals gelegt werden könnten, denn beim Laufen legt der Cardigan oft die Ohren zurück, was rassetypisch für ihn ist. Die Ohren des Pembrokes sind im Gegensatz nur von mittlerer Größe, nicht ganz so deutlich abgerundet und der Abstand zwischen ihnen ist breit und flach. Die Ohren werden im Lauf aufrecht getragen. Sie sind wie auch beim Cardigan von fester Substanz und an den Ohrspitzen leicht abgerundet.
Der Ohrenstand wird in beiden Rassen wie folgt erklärt: Blickt man von vorne auf den Kopf, muss ein gleichschenliges

Dreieck durch eine Linie von Nasenspitze durch die Augen zu den Ohrspitzen beim Pembroke verlaufen. Beim Cardigan müssen die Ohren so getragen sein, dass die Ohrspitzen etwas außerhalb dieser gedachten Linie verlaufen.

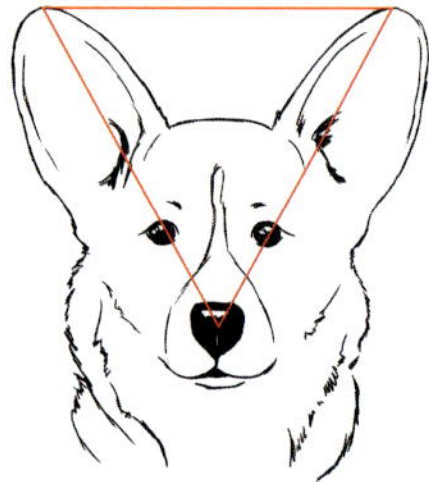

Welsh Corgi Cardigan

Welsh Corgi Pembroke

In beiden Rassen sind Hänge- und Schlappohren, Halbstehohren usw. höchst unerwünscht und fehlerhaft. Gleiches gilt für zu kleine, zu große oder zu eng oder gar zu tief angesetzte Ohren. Nur eine korrekte Form kann den zu bevorzugenden Ausdruck der Corgis untermauern.

korrekte Ohrenstellung

zu breiter Ohrenstand

Hänge-/bzw. Schlappohren

Beispielansicht: Welsh Corgi Pembroke

Hals

Aufgrund der gleichen Kopfproportionen bei beiden Rassen lässt sich die Länge des Halses als mäßig lang beschreiben. Wichtig ist, dass er in beiden Rassen angemessen zur Gesamterscheinung des Hundes passt. Beide Rassen sollten einen muskulösen Hals haben, der sich vom Genick zu den Schultern hin leicht verbreitert und harmonisch in die Schulterpartie übergeht, ohne aufgesetzt zu wirken. Er sollte dann in eine ebene Oberlinie zur Kruppe verlaufen. Zur Eleganz trägt ebenfalls die richtige Kopfhaltung bei. Ein aufgesetzt wirkender, schwacher, kurzer oder zu langer Hals ist fehlerhaft. Ein kurzer Hals ist am meisten zu beanstanden und wird in der Regel oft mit geraden Schultern in Kombination gesehen. Allerdings kann im Umkehrschluss auch eine zu steil gelagerte Schulter ebenfalls dazu beitragen, dass eine korrekte Halslänge zu kurz wirkt. Ein mäßig langer, gewölbter Hals ist für ein korrektes Gleichgewicht und die Balance des Welsh Corgis erforderlich.

Körper

Der Körper eines korrekt gebauten Welsh Corgis mit ausbalancierten Proportionen sollte vorne und hinten aus gleichen und in der Mitte aus einem längeren Teil bestehen. Die Welsh Corgis sollen einen ziemlich langen und kräftigen Körper haben, wobei er beim Cardigan länger als beim Pembroke ist. Beide verfügen über einen tiefen, mäßig breiten Brustkorb mit eng beieinander liegenden Rippen, die sich zu einem tiefen Bruststück verjüngen, das gut heruntergelassen zwischen den Vorderbeinen liegt. Beide Rassen sollen über einen geraden Rücken mit einer sich gut abzeichnenden Taille und eine leicht schräg angesetzte Kruppe verfügen. Der Abstand vom letzten Rippenbogen bis zur Hüfte beschreibt eine muskulöse,

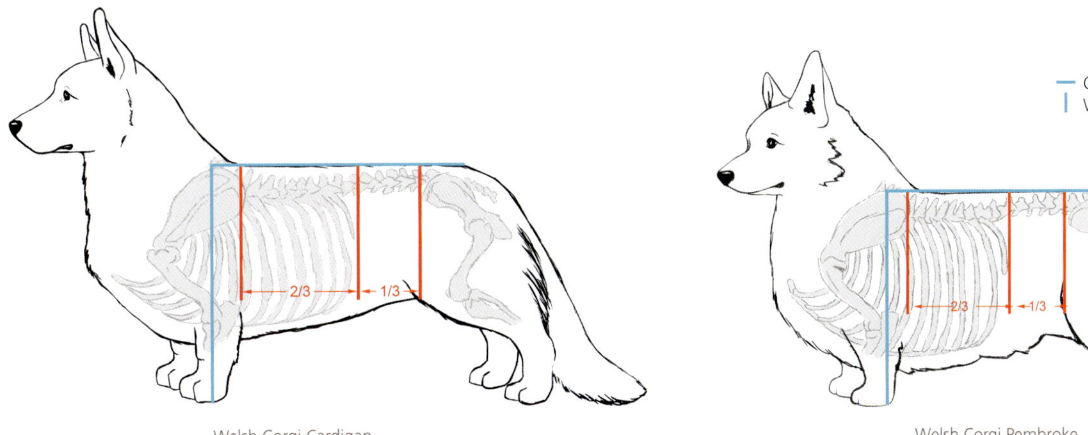

Welsh Corgi Cardigan

Welsh Corgi Pembroke

aber nicht zu kurze Lendenpartie. Die Länge beider Rassen soll in der Rippe und nicht in der Lende liegen, ein ungefähres Verhältnis von 2/3 Rippen zu 1/3 Lende verdeutlichen diese Gemeinsamkeit.

Bei der Ausprägung der Merkmale sind in manchen Punkten jedoch gewisse Unterschiede zu verzeichnen. Im Vergleich zum Pembroke, der durchaus filigraner wirkt, hat der Cardigan einen voluminöseren Brustkorb, allerdings ist vor züchterischer Übertreibung zu warnen. Die Breite des Brustkorbs beim Pembroke sollte ungefähr dem Abstand zwischen Boden und Ellenbogen entsprechen. Der Cardigan ist in dieser Hinsicht eher schmaler, sein Hauptaugenmerk liegt auf einem gut betonten Brustbein. Bei der Brusttiefe gilt für beide Rassen, dass der Brustkorb bis kurz vor die Handwurzelgelenke herunterreichen sollte. Von der Seite betrachtet soll die gesamte Anordnung der Brust deutlich sichtbar sein. Zu den weit nach hinten reichenden Rippen ist anzumerken, dass diese bis zur Hinterhand so viel Raum lassen müssen, wie es eine raumgreifende Hinterhand erfordert.

Zu der Lendenpartie sind mehrere Erläuterungen nötig. Die untere Linie bei der Brust gleicht einer nach oben steigenden Kurve und von oben betrachtet sollte sich eine gute Rippenwölbung zu einer erkennbaren Taille verjüngen, wobei diese beim Cardigan deutlicher ausgeprägt sein muss. Die obere Linie (topline) ist der Verlauf der Rückenlinie vom Widerrist bis zum Rutenansatz; diese Linie soll gerade verlaufen und leicht zum Rutenansatz hin abfallen. Hinter dem Widerrist darf

Diese Pembroke-Hündin hat einen guten Körperbau.

diese Linie nicht einsinken; sie muss eben fortlaufen, um die nötige Kraft und Balance mit sich zu führen. Fehlerhaft sind ein weicher Rücken, eine Kruppe, die höher liegt als der Widerrist, und ein zwischen dem Widerrist und der Lende aufgewölbter Rücken. Gleiches gilt auch für einen Brustkorb von fehlender Substanz und unzureichender Brusttiefe. Der Rücken muss nicht nur im Stand, sondern auch in der Bewegung fest und eben sein. Eine zu weiche und unebene Rückenlinie ist in der Bewegung leicht zu verbergen, wird aber im Stand erkennbar.

Ein Cardigan hat immer eine lange Rute.

Rute

Die Rute ist im jeweiligen Standard deutlich beschrieben.

Die Rute beider Rassen ist bis auf die Länge identisch. Im Gegensatz zum Pembroke wird der Cardigan niemals mit kurzer Rute geboren, da nur der Pembroke diese genetische Disposition trägt. Die Rute sollte niedrig in einer Linie mit dem Körper angesetzt sein, aber niemals so tief, dass ein Bruch in der oberen Linie zu verzeichnen ist.

Der Ansatz der Rute ist in beiden Rassen ausgesprochen kräftig und verjüngt sich zur Schwanzspitze, die einem Fuchsschwanz ähneln soll. Beim Cardigan solle die Rute mäßig lang sein und im Idealfall bis unter den Hintermittelfußknochen reichen und den Boden leicht berühren. Gleiches trifft auch für den Pembroke zu, wenn er nicht das Gen für die „Stummelrute" trägt. Bei den Trägern des Gens ist die natürlich angeborene kürzere Rute (beim Pembroke) zu bevorzugen, denn nicht alle werden mit der gleichen Rutenläge geboren. So kann es auch zu einer halblangen oder baguetteähnlichen Rutenlänge kommen, denn die angeborene Stummelschwänzigkeit ist nie auf eine bestimmte Wirbelzahl limitiert.

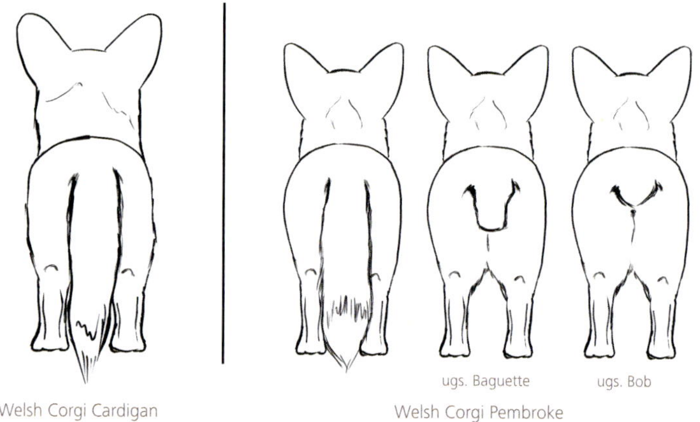

Welsh Corgi Cardigan

Welsh Corgi Pembroke

Eine hoch angesetzte und gedrehte Rute ist in beiden Rassen fehlerhaft. Zu beachten ist ebenfalls das Tragen der Rute in der Bewegung. Sie sollte sich parallel zum Boden befinden und nur minimal über die Rückenlinie gehoben werden. Die Rute darf keinesfalls über dem Rücken getragen oder gerollt werden. Eine eingekniffene Rute ist ebenfalls nicht gewünscht und rassenuntypisch.

In der Bewegung:

korrekte Position der Rute

noch zulässige Position der Rute

fehlerhafte, zu hoch bzw. über den Rücken getragene Rute

Im Stand:

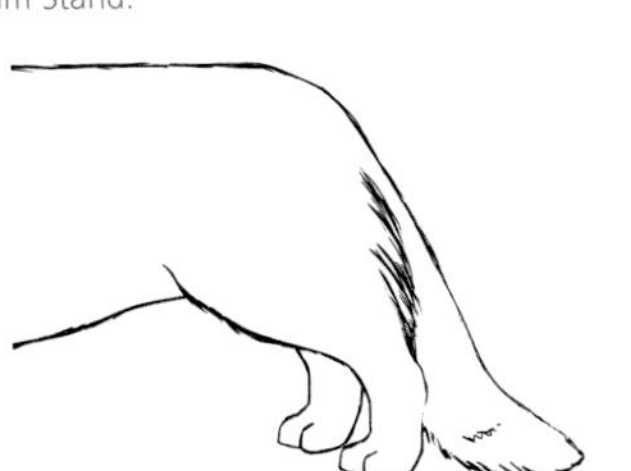

korrekte Länge der Rute

zu kurze Rute (beim Cardigan)

Kruppe zu hoch angesetzt

Vorderhand und Front

Die Schulterblätter beider Rassen sollen schräg nach hinten gelagert sein und sind in einem Winkel von 45° fest der Wölbung des Brustkorbs angepasst. Der Winkel von der Schulterpartie zum Oberarm sollte 90° betragen und entspricht nahezu der Länge des Schulterblattes. Die Schultern neigen leicht nach außen, so ist es möglich, dass sich die kräftigen Vorderläufe trotz des mächtigen Brustkorbs raumgreifend und frei bewegen können. Das Schultergelenk ist nur so weit zurück am Brustkorb platziert, dass ein substanzvoll, korrekt gebauter Welsh Corgi den Anschein erweckt, mehr auf den Vorderläufen als auf den Hinterläufen zu stehen.

Eine gute Schulterlage ist äußerst wichtig und kann bei nicht korrekter Lage den Hals optisch verkürzen, den Kopf aufgesetzt wirken lassen oder die Vorhandbewegung einschränken. Die Vorderläufe sind gerundet und nicht gerade, sie schmiegen sich um die tief liegende Brust, was dazu führt, dass die Pfotengelenke enger als die Ellenbogengelenke zusammenstehen. Die Ellenbogengelenke sollen eng und parallel am Körper anliegen, um ein korrektes Gangwerk zu ermöglichen. Zu eng gestellte Ellenbogengelenke würden den Corgi in seiner Bewegung einschränken und sind somit fehlerhaft, auch zu lose Gelenke stellen eine Fehlerhaftigkeit dar.

Beim Pembroke entspricht im Idealfall der Abstand zwischen den Ellenbogen zueinander dem Abstand zum Boden. Beim Cardigan kann dieser Abstand zwischen den Ellenbogen geringfügig etwas größer sein als zum Boden (< 10%).

Die Krümmung im Unterarm beeinflusst die Stellung der Handwurzelgelenke, die im Verhältnis immer enger stehen als die Ellenbogenpartie.

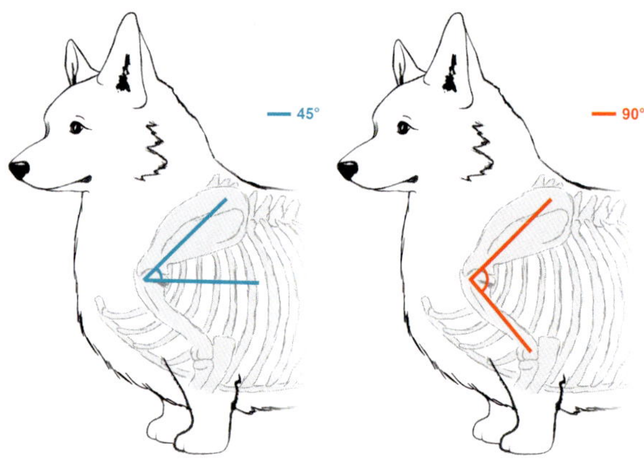

Beispielansicht: Welsh Corgi Pembroke

Hinsichtlich der Front der beiden Rassen gibt es weiter signifikante Unterschiede.

Eine richtige Cardigan-Brust ist eiförmig, wobei die Schultern an der breitesten Stelle eng an der Brust liegen, welche sich dann zu einer ovalen Form abwärts verjüngt. Die gesamte Schulterbaugruppe ist gut zurückgesetzt zu den Rippen, sodass das Brustbein hervorsteht und eine ausgedehnte Vorbrust mit ausgeprägtem Brustbein bildet. Eine nicht korrekte Cardigan-Front ist ein schwerwiegender Rassenfehler.

Betrachtet man die Front eines Pembrokes, so erkennt man eine tiefe, ovale Brust, der Form eines Bootes gleichend, die zwischen den Vorderbeinen eingelassen ist. Im Gegensatz zur massiven Front des Cardigans weist die des Pembrokes nur eine mittlere Größe auf. Die Notwendigkeit einer korrekten Beurteilung der Frontbaugruppe eines Welsh Corgis kann nicht genügend betont werden.

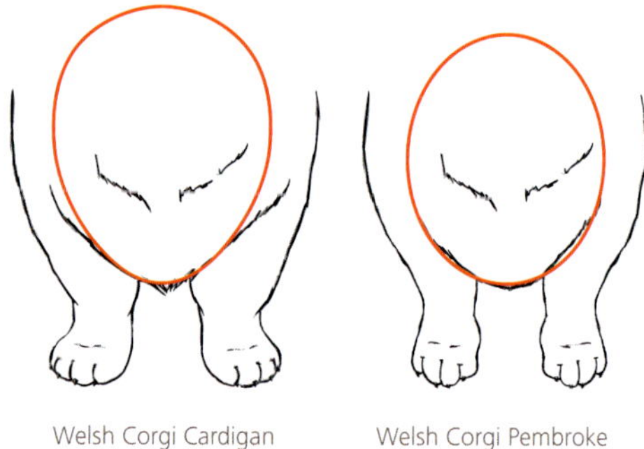

Welsh Corgi Cardigan | Welsh Corgi Pembroke

Hinterhand

Nach den Bestimmungen des Standards sollen beide Rassen von hinten betrachtet über eine gerade Hinterhand verfügen, das heißt, die Läufe müssen kräftig, kurz, senkrecht zum Boden und parallel zueinander stehen.

Der Hüftknochen fällt mit der Kruppe nach unten ab und bildet mit dem Oberschenkelknochen am Beckenboden einen rechten Winkel von etwa 90° an der Hüftpfanne. Beim Cardigan wird eine starke und gut bemuskelte Ober- und Unterschenkelpartie gefordert, die mit kräftiger Knochensubstanz bis zu den Pfoten hinab reichen soll. Der Pembroke wird bezüglich seiner Hinterhand mit den Worten kräftig

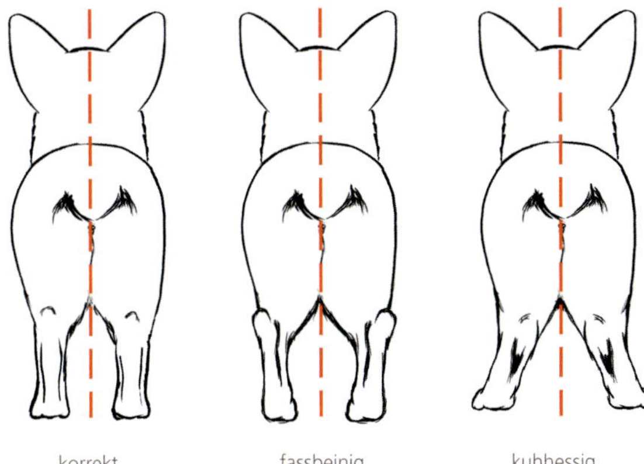

Beispielansicht: Welsh Corgi Pembroke

und geschmeidig beschrieben, in dem Fall ist eine gewisse Balance, die der Pembroke mit sich bringen soll, gefordert. Selbstverständlich darf es ihm ebenso wenig an einer guten Bemuskelung mangeln.
Von oben betrachtet ist eine korrekt geformte Hinterhand immer schmaler als die Schulterpartie. Eine gute Winkelung der Knie- und Sprunggelenke ist für beide Rassen grundlegend. Wenn man bei natürlichem Stand die Hinterläufe von der Seite betrachtet, so muss sich das Sprunggelenk vorzugsweise noch hinter einer senkrecht gedachten Linie vom Sitzbeinhöcker zum Boden befinden.

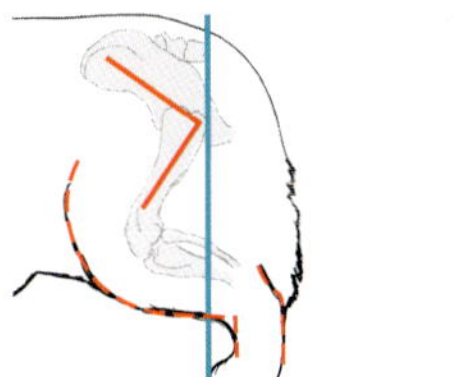

korrekt gewinkelte Hinterhand

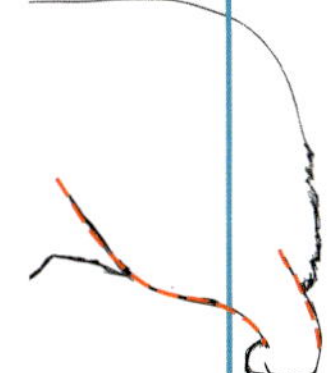

steile Hinterhand

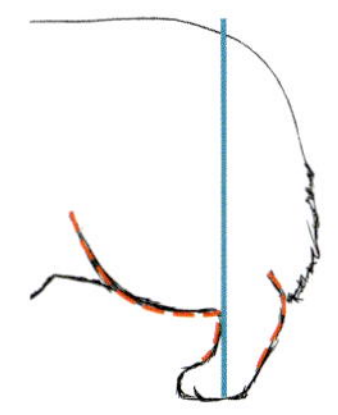

überwinkelte Hinterhand

Beispielansicht: Welsh Corgi Pembroke

Zudem sollten die Sprunggelenke deutlich tief stehen, um eine gewaltige Schubkraft entwickeln zu können. Die starke Hinterhand ist ein signifikantes Merkmal für einen Hütehund in dieser Größe und von erheblicher Bedeutung. Nur wenn die Hinterhand des Welsh Corgis die im Standard genannten Merkmale aufweist, ist ein erkennbarer Schub gewährleistet, der den tief liegenden, im Verhältnis schweren Körper mühelos und ausdauernd vorwärts treibt. Fehler sind demnach eine schwache Bemuskelung, nach innen gerichtete Sprunggelenke (kuhhessig), Fassbeinigkeit (O-Beine) oder zu eng stehende Pfoten. Leider sind schlechte Winkelungen, steife, stelzige und nicht parallele Hinterhandbewegungen ohne den geforderten Schub keine Seltenheit.

Pfoten

Beide Rassen müssen über kräftige, kompakte, gut gewölbte und gepolsterte Pfoten verfügen, kraftvoll und geschlossen, dass heißt, die kräftigen, gut aufgeknöcherten Zehen stehen eng beieinander. Auch die Ballen sind kräftig und gut gepolstert. Flache oder Spreizpfoten sind fehlerhaft. Die Pfoten dürfen bei beiden Rassen im Verhältnis zur Größe und Knochenstärke des Hundes nicht zu groß erscheinen. Sie sollen kompakt sein und die entsprechende Form aufweisen. Die beiden mittleren Zehen jeder Pfote sollen leicht vor den beiden äußeren Zehen gelagert sein. Katzen- oder Hasenpfoten sind nicht gewünscht und ebenso fehlerhaft. Besondere Beachtung soll auch der Krallenlänge geschenkt werden. Die Krallen sollen kurz gehalten werden und im Stand den Boden nicht berühren. Zu lange Krallen führen unweigerlich zu Spreizpfoten und somit zu einer fehlerhaften Pfotenstellung, die den Hund in seiner Bewegung beeinträchtigt. Die Pfoten des Cardigans sind größer als die des Pembrokes. Die korrekte Cardigan-Pfote ist vorne rund und nicht oval. Seine eng aneinanderliegenden Zehen sind recht groß und kräftig. Hinsichtlich der Stellung der Vorderpfoten muss bei beiden Corgi-Rassen differenziert werden. Beim Pembroke müssen die Vorderpfoten gerade nach vorne gerichtet sein, während sie beim Cardigan leicht nach außen gedreht sind. Abweichungen hiervon sind Fehlstellungen. Wenn man gerade auf die Front des Cardigans schaut, dürfen die Vorderpfoten nur eine leichte Neigung nach außen haben, wobei der Winkel ausgehend von der Mittellinie 30° nicht überschreiten darf.

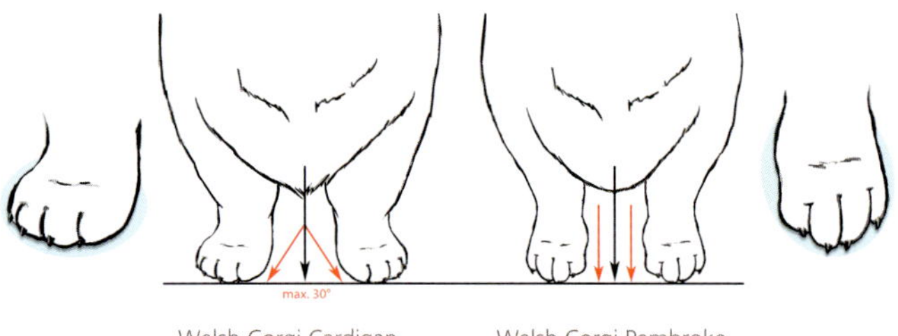

Welsh Corgi Cardigan Welsh Corgi Pembroke

Diese Neigung ist notwendig, um die Breite der Schultern auszugleichen. Die Hinterpfoten zeigen geradeaus und sind etwas kleiner und ovaler. Eine Chippendale-Front (zu weit nach außen gedrehte Vorderpfoten) ist fehlerhaft und höchst unerwünscht. Die Pfotenform des Pembrokes ist vorne und hinten oval. Betrachtet man seine Front von vorne, muss die Pfotenstellung im Gegensatz zum Cardigan absolut gerade sein.

Gangwerk

Charakteristische Merkmale des Gangwerks beider Rassen werden im jeweiligen Standard mit der notwendigen Definition beschrieben. Sie müssen vorzüglich proportioniert sein, um den Eindruck eines perfekten Hütehundes zu vermitteln, der sich mit Leichtigkeit und Ausdauer fortbewegen kann. Der Bewegungsablauf des Cardigans wirkt aufgrund seiner Statur etwas schwerfälliger als der des Pembrokes. Von maßgebender Bedeutung für den Gesamteindruck des Welsh Corgis ist das Gangwerk des tief gestellten Hundes. Er muss über kräftige Vorderläufe, eine gut gewinkelte Vorderhand mit gut zurückliegenden Schultern verfügen. Ebenso ist eine muskulöse, korrekt gewinkelte Hinterhand mit tief stehenden Sprunggelenken vonnöten. Nur so ist eine anatomische Voraussetzung für einen einwandfreien Bewegungsablauf gegeben. Dieser muss raumgreifend und mühelos wirken, das heißt kraftvoll aus der Hinterhand mit deutlichem Schub vorwärts, während die Vorderhand gut nach vorne ausgreift und so den Schub aus der Hinterhand aufnimmt. Wichtig dabei ist, dass die dynamische Vorwärtsbewegung bei geradem und festem Rücken erfolgt.

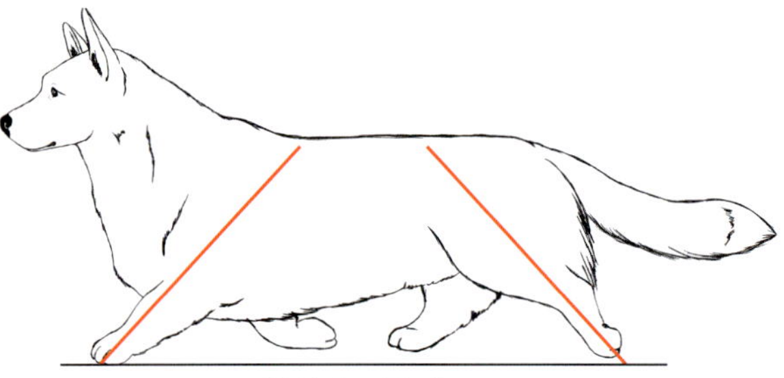

Welsh Corgi Cardigan

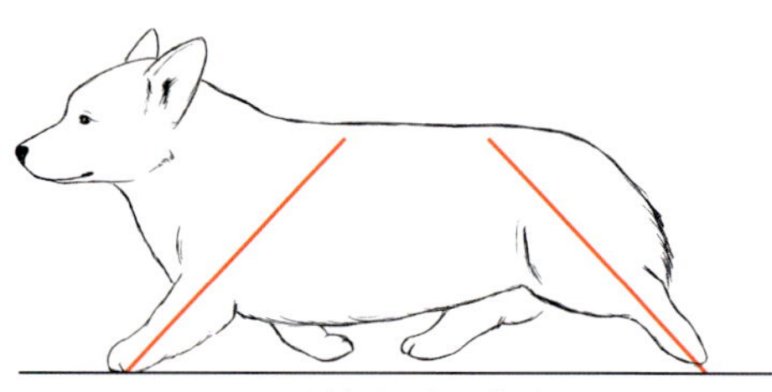

Welsh Corgi Pembroke

Die Bewegung beim Corgi muss raumgreifend sein.

Von der Seite betrachtet sollte der Hund im Lauf seinen Kopf nach vorne richten. Die vordere Reichweite wird an dem Punkt festgelegt, an dem die Vorderpfote den Boden wieder berührt, dies ist idealerweise in der Höhe der Ohren. Die Hinterhand soll in der Bewegung gut unter den Körper reichen und die Hinterpfoten sollen in der Öffnung zu einer guten Verlängerung der Oberlinie beitragen. Diese muss dabei gerade sein und führt mit den vorherigen genannten Punkten zu der richtigen Balance des Hundes.
Je schneller sich der Corgi vorwärts bewegt, desto mehr dürfen sich die aufgesetzten Pfoten einer gedachten Mittellinie nähern, jedoch dürfen sie nicht in eine schnürende Bewegung übergehen oder sich gar berühren. Eine weitere unkorrekte Fortbewegung sind nach außen gerichtete, paddelnde Bewegungen. Ebenso sind steife, tippelnde und wenig raumgreifende Bewegungen fehlerhaft. Dies gilt auch für einen in der Bewegung schwankenden Rücken, wobei der Widerrist hier auf und nieder schwingt oder eine rollende Seitwärtsbewegung macht. Letzteres wird durch einen Passgang (laterale Fortbewegung) gefördert. Andererseits ist zu beachten, dass die Parallelität des Gangwerks nicht bedeutet, dass auch Vorhand und Hinterhand sich auf einer Linie bewegen, dazu sind Schulter- und Beckenbreite doch zu unterschiedlich.

Haarkleid und Farbe

Das Haarkleid beider Rassen ist doppelt beschaffen und setzt sich aus Deckhaar und Unterwolle zusammen. Das Deckhaar befindet sich an Körper, Halskrause, Unterseite der Rute und an den Hinterläufen; es ist kurz bis mittellang, relativ glatt mit dichter, kurzer Unterwolle, zudem glänzend, wenn es sich in guter Kondition befindet, niemals drahtig, weich oder wellig. Die Felllänge an Ohren, Kopf und an den Läufen ist immer kurz. Das Haarkleid soll das Erscheinungsbild und den Nutzen eines perfekten Hütehundes unterstreichen und widerstandsfähig gegen jedwede Witterung sein.
Hinsichtlich der Fellfarben bietet der Cardigan ein breiteres Spektrum als der Pembroke. Den Cardigan gibt es in Clear Red (Pink), Sable, Red, Brindle, Tricolour und Merle, den Pembroke hingegen nur in Red, Sable und Tricolour. Die Standardanforderung beider Rassen beschreibt einen Hund, bei dem Weiß nicht vorherrschend sein darf. Weiß wird lediglich an Läufen, Brustbein, Hals und Rutenspitze toleriert. Minimale weiße Abzeichen um den Fang und am Kopf sind erlaubt, wobei die Augenpartie hiervon ausgenommen ist. Farben, die vom Standard abweichen, sind nicht zulässig. Bei jeder Farbe muss ein schwarz pigmentierter Nasenspiegel vorliegen. Augenränder und Lefzen sollten ein schwarzes Pigment haben.

Beim Cardigan gibt es mehr Farbvarianten als beim Pembroke.

Größe und Gewicht

Auf die Gefahr hin, dass einige Personen die Zucht als kynologische Übung missverstehen und ihr Bild eines Corgis in Zweifel gezogen sehen, muss die flexible Aussage der beiden Rassen trotz allem in Bezug auf Größe und Gewicht als verbindlich gehalten werden. Der amerikanische Standard beschreibt den Cardigan mit einer Widerristhöhe von 27 bis 32 cm, unser Standard (analog dem britischen) gibt eine Idealgröße von 30 cm vor. Beim Pembroke ist die Größe in unserem Standard mit 25 bis 30 cm festgelegt. Das Format des Cardigans wird mit einem Verhältnis 1,8 : 1 beschrieben, daraus lässt sich schlussfolgern, dass ein Cardigan – der Idealgröße von 30 cm vorausgesetzt – eine Länge von 54 cm aufweist. Die korrekte Länge des Pembrokes sollte 40 % länger sein als die der Widerristhöhe. So lässt sich auch hier ganz einfach berechnen, dass bei einer Größe

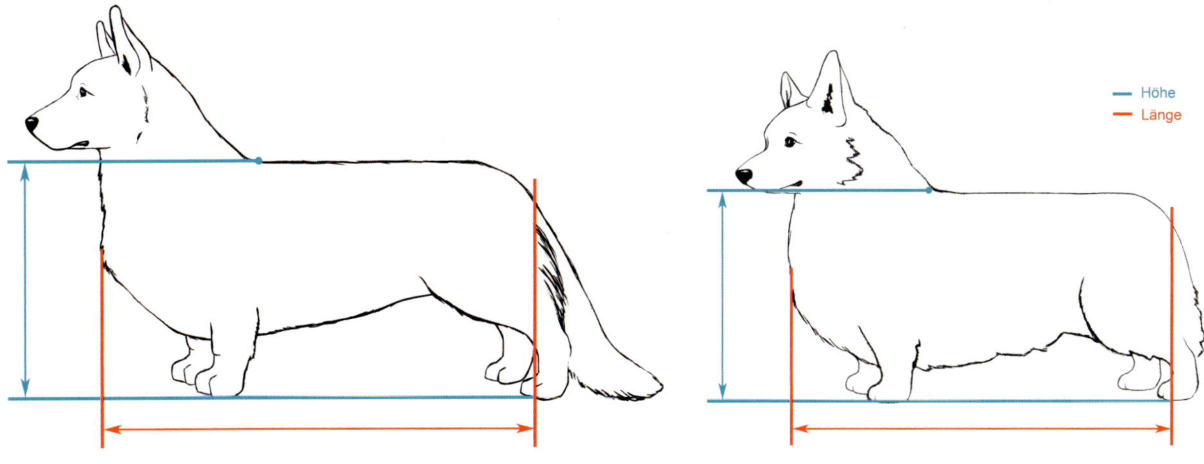

Welsh Corgi Cardigan

Welsh Corgi Pembroke

von 30 cm die Länge 42 cm beträgt. Da aber jeder Corgi ein Individuum darstellt, weichen Theorie und Praxis oft voneinander ab.

Beim Gewicht des Cardigans bezieht sich der amerikanische Standard auf 14 bis 17 kg für Rüden und 11 bis 15 kg für Hündinnen. Beim Pembroke wird in unserem Standard ein Körpergewicht für Rüden bei 10 bis 12 kg und für Hündinnen bei 9 bis 11 kg festgesetzt. Dieses Format beider Rassen erhält als Grundanforderung, dass Größe und Gewicht in einem rassespezifisch richtigen Verhältnis zueinander stehen sollen. In den letzten Jahren ist allerdings eine Akzeleration in fast allen Hunderassen im Gegensatz zum früherem Gebrauchshund zu verzeichnen. So ist es nur naheliegend, dass der überwiegende Teil beider Rassen im oberen Größen- und Gewichtsbereich liegt. Entscheidend ist, dass die Welsh Corgis richtig proportioniert sind und dass Größe und Gewicht in einem harmonischen Verhältnis zueinander stehen. Bei einem erwachsenen und voll ausgereiften Corgi mit vorzüglicher Knochenstärke und Bemuskelung kann die obere Gewichtsgrenze durchaus überschritten werden, selbst wenn sich die Höhe des Widerrists im gewünschten Bereich befindet. Der Umgang mit flexiblen Bestimmungen eröffnet der Zucht Chancen, die mit Sachverstand und Verantwortungsbewusstsein genutzt werden sollen, ohne die grundlegenden Vorgaben aus den Augen zu verlieren.

Fehler

Die Abweichungen von den einzelnen Vorschriften der Standards wurden bereits im Zusammenhang mit den einzelnen Standardmerkmalen erläutert, diese müssen zwingend als Fehler angesehen werden und dessen Bewertung in einem genauem Verhältnis zum Grad der Abweichung einfließen. Der Einfluss dieser Beurteilung ist grundlegend für die Gesundheit und das Wohlbefinden der Rassen im Zusammenhang mit deren Fähigkeiten.
Es steht außer Frage, dass monorchide oder kryptorchide Rüden von der Zucht auszuschließen sind.

Genetik

Zum besseren Verständnis des Aussehens und eventueller Erkrankungen des Welsh Corgis ist ein kurzer Abstecher in die Genetik notwendig. Die Genetik beschreibt die Vererbungslehre und ist somit die wichtigste Grundlage für Züchter. Sie erklärt, auf welche Weise Eigenschaften der Elterntiere an ihre Nachkommen weitergegeben werden. Manchmal können diese aber auch durch Umweltbedingungen beeinflusst werden.

Welsh Corgi Cardigan und Pembroke sind robuste und gesunde Rassen, aber um dies weiterhin gewährleisten zu können, ist einer Zuchtordnung und deren vorgeschriebenen Zuchtzielen nachzukommen. Hier wird vorgeschrieben, welche genetischen Tests und Untersuchungen für die Zuchtzulassung erfüllt werden müssen. Natürlich sind das äußere Erscheinungsbild und der vorgeschriebene Standard hier maßgeblich und nie außer Acht zu lassen.

Früher spielte die Farbe bei Arbeitshunden keine so wichtige Rolle.

Begriffserklärung

Die **DNA** ist der Träger der Erbinformationen. Ein kleiner Abschnitt auf dieser DNA wird **Gen** genannt und bestimmt das Aussehen, die Körperfunktion und den gesamten Stoffwechsel des Hundes. Kommt es zu einer Veränderung, zum Beispiel der Sequenz (Reihenfolge) in der DNA, so spricht man von einer **Mutation**.
Alle Gene zusammen bilden das **Genom** eines Lebewesens. Bei der Entwicklung eines Welpens während der Trächtigkeit entstehen nach und nach viele Körperzellen, von denen jede ihre Aufgabe für den **Phänotyp** und **Genotyp** erfüllt, somit wird durch die Gene vorgegeben, wie sich der Welpe entwickelt. Je näher die Hunde miteinander verwandt sind, desto ähnlicher sind ihre **Gene**. Die aneinandergereihten Gene bilden eine Art Fäden, die **Chromosomen** genannt werden.
In jeder **Zelle** hat der Hund 38 Chromosomenpaare (pro Paar jeweils ein Chromosom von der Mutter und eins vom Vater) plus zwei Geschlechtschromosomen (zwei X-Chromosomen bei weiblichen und jeweils ein X- und ein Y-Chromosom bei männliche Tieren), also 78 Chromosomen insgesamt.

Die Stelle an einem Chromosom, an der sich ein bestimmtes Gen befindet, nennt man **Genort (Gen-Lokus)**. Als **Allele** bezeichnet man die verschiedenen Varianten bzw. Funktionsformen eines Gens am gleichen Genort. Wenn man den **Genotyp** beschreibt, umfasst dies die gesamte genetische Ausstattung des Hundes. Der **Phänotyp** hingegen beschreibt nur das äußere Erscheinungsbild. Ein **Allelpaar** sind zwei Gene am gleichen Genort, die für ein bestimmtes Merkmal verantwortlich sind und jeweils von Vater und Mutter stammen.

Als **dominant** bezeichnet man das „vorherrschende" Gen, welches in Erscheinung (Beispiel Farbe) tritt. Als **rezessiv** wird das „schwächere" Gen beschrieben, welches sich nur im Phänotyp ausprägen kann, wenn es doppelt vorliegt.
Homozygot (reinerbig) bedeutet, dass in einem Allelpaar beide Allele dieselbe genetische Information (Beispiel Haarlänge) enthalten. **Heterozygot** bedeutet mischerbig; hier besteht das Allelpaar aus zwei unterschiedlichen Allelen. Beim Beispiel Haarlänge sind **heterozygote** (mischerbige) Hunde kurzhaarig, tragen aber das Gen für lange Haare und können dieses an ihre Nachkommen vererben.
Werden zwei mischerbige Hunde verpaart, so können ihre Nachkommen jeweils das rezessive Allel beider Elternteile erben und können das Merkmal (Langhaarigkeit) ausprägen. Sie sind dann wiederum reinerbig in Bezug auf das rezessive Merkmal.

Als **autosomal-dominante** Vererbung ist in Bezug auf Erbkrankheiten eine Form der Vererbung gemeint, bei der bereits eine veränderte Kopie des Gens dafür sorgt, dass der Welpe erkranken kann. Bei **autosomal-rezessiver** Vererbung hingegen müssen zwei veränderte Kopien eines Gens vorliegen, um zu einer Ausprägung der Erkrankung zu führen. Betroffene Hunde mit homozygotem Genotyp einer autosomal-rezessiv vererbten Erbkrankheit nennt man dann **„affected"** oder **„at risc"**, die heterozygoten Träger mit nur einem defekten Gen werden als **„carrier"** bezeichnet und sind Anlagenträger, das heißt von der Krankheit selbst nicht betroffen, können diese aber weitergeben an ihre Nachkommen.

Die Vererbung der Fellfarbe beim Welsh Corgi

Bei einem Arbeitshund spielt die Fellfarbe zweifellos eine untergeordnete Rolle für die Leistung des Hundes, aber die breite Farbpalette der Welsh Corgis ist ein sehr attraktives Merkmal der Rassen. Beim Welsh Corgi Cardigan gibt es eine umfangreiche Auswahl an anerkannten Farben.
Beim Hund bestimmen verschiedene Pigmente die Fellfarbe. Das Pigment Eumelanin ist schwarz, das Pigment Phäomelanin ist gelblich (und kann von Cremefarben über Gelb bis zu kräftigem Rot reichen). Die Pigmentbildung im Organismus wird unter anderem von Rezeptoren gesteuert. Auch eine ganze Reihe anderer Faktoren beeinflusst die Ausbildung der unterschiedlichen Farbschläge und deren Varianten beim Welsh Corgi. Die Beschreibung dieser Felleigenschaften kann teilweise sehr verwirrend sein, weil die Zuchtorganisationen in verschiedenen Ländern zum Teil unterschiedliche Bezeichnungen für dieselbe Farbe verwenden. Der Standard des Welsh Corgis wurde in unserem Land ins Deutsche übersetzt und beschreibt somit die Farben in unserer Muttersprache. Unter den Züchtern und Richtern wird aber umgangssprachlich der englische Standard verwendet und somit werden auch hier weitere Erklärungen auf das Mutterland des Welsh Corgis ausgerichtet

Die Varietäten beim Welsh Corgi Cardigan

Pink oder Clear Red (reines Rot, rezessives Rot)
Die Grundfarbe beim Clear Red ist ein helles creme- bzw. strohfarbenes blasses Rot, welches über keinerlei schwarze Farbe oder dunkle Schattierung im Fell verfügt. Er hat die üblichen weißen Abzeichen. Der Nasenschwamm muss eine schwarze und die Augen müssen eine braune Farbe aufweisen.

Red (dominantes Rot, alle Schattierungen sind möglich)
Die Grundfarbe des Red Welsh Corgi Cardigans ist Rot in allen Schattierungen von hell bis dunkel. Es können unterschiedlich viele schwarze Haare vorhanden sein, diese befinden sich am Kopf, auf der Oberseite der Rute und oft auch als Aalstrich oder Decke auf dem Rücken. Der Hund hat die üblichen weißen Abzeichen. Der Nasenschwamm muss eine schwarze und die Augen müssen eine braune Farbe aufweisen.

Sable (Zobel, alle Schattierungen sind möglich)
Die Grundfarbe Sable gibt es in allen Schattierungen von hell (Goldsable) bis dunkel (Darksable). Die einzelnen Haare sind an der Haarwurzel hell und an der Haarspitze schwarz. Dadurch hebt sich im Gesicht und um den Kopf herum eine dunkle Maske ab. Ebenso befinden sich die schwarzen Haarspitzen auf dem Rücken und auf dem oberen Teil der Rute. Es kann zu einer Verwechslung mit Rot kommen, allerdings ist bei Rot die Maske im Gesicht nicht vorhanden. Der Hund hat die üblichen weißen Abzeichen. Der Nasenschwamm muss eine schwarze und die Augen müssen eine braune Farbe aufweisen.

Brindle (Gestromt)
Brindle bedeutet gestromt, wobei das Farbspektrum bei Brindle sehr groß ist, aber immer nur als Brindle im Zuchtbuch eingetragen wird. Die Grundfarbe variiert von Redbrindle (Gold über Rot) bis hin zu Darkbrindle (Dunkelbraun). Die Stromung ist schwarz und mehr oder weniger stark ausgeprägt. Bei heller Grundfarbe mit wenig ausgeprägter Stromung besteht eine Verwechselungsgefahr mit Rot und bei stark ausgeprägter Stromung auf dunkler Grundfarbe besteht eine Verwechselungsgefahr mit Brindle-point-tricolour. Der Nasenschwamm muss eine schwarze und die Augen müssen eine braune Farbe aufweisen.

Red-point-tricolour (Dreifarbig, Schwarz mit roten Tan-Abzeichen und weißen Abzeichen)
Die Grundfarbe beim Red-point-tricolour ist überwiegend Schwarz mit den typischen weißen Abzeichen und mit deutlich erkennbaren roten Tan-points (rote Tan-Abzeichen) am Kopf, an den Beinen und unter der Rute.
Grundsätzlich sind die roten Abzeichen immer einfarbig ohne jegliche Stromung. Der Nasenschwamm muss eine schwarze und die Augen müssen eine braune Farbe aufweisen

Brindle-point-tricolour (Dreifarbig, Schwarz mit gestromten Tan-Abzeichen und weißen Abzeichen)
Die Grundfarbe ist Schwarz mit den typischen weißen Abzeichen und mit Brindle-points (gestromten Tan-Abzeichen) am Kopf, an den Beinen und an der Unterseite der Rute. Wenn die Grundfarbe der Brindle-points sehr dunkel und die Stromung stark ausgeprägt sind, wirken manche Hunde fast schwarz-weiß. Es ist jedoch zu beachten, dass es die Farbe Schwarz-Weiß beim Cardigan nicht gibt. Der Nasenschwamm muss eine schwarze und die Augen müssen eine braune Farbe aufweisen.

Blue Merle (Merle)
Die Farbe beim Blue Merle ist ein silbriges Blau (bzw. Grau) mit schwarzen Flecken bzw. schwarzer Marmorierung sowie den typischen weißen und farbigen Abzeichen. Die farbigen tan-points im Gesicht und an den dafür typischen Stellen am Körper sind entweder brindle (gestromt) oder red (rot). Beide Farben gelten als Blue Merle. Der Nasenschwamm muss schwarz sein, allerdings kann die vollständige Pigmentierung hier etwas länger dauern. Bei der Augenfarbe gibt es ein- oder beidseitig die Farben Braun, Blau oder braun-blau gesprenkelt.

Merle mit roten Tan-Abzeichen

Merle mit gestromten Tan-Abzeichen

Daraus schließen sich folgende Möglichkeiten der Verpaarungen:

Welsh Corgi **Cardigan**						
	△	✓	✓	✓	✗	✓
	✓	✓	✓	✓	✗	✓
	✓	✓	✓	✓	✗	✓
	✓	✓	✓	✓	✓	✓
	✗	✗	✗	✓	✗	✗
	✓	✓	✓	✓	✗	✓

✓ Verpaarungen dieser Farbvarianten sind ohne Weiteres möglich.

△ Sind nur mit DNA Test genehmigt, unter Ausschluss einer doppelten Merle (M x M) Verpaarung.

✗ M x M Verpaarungen sind gemäß § 11b TschG (Tierschutzgesetz) verboten, da Welpen mit schwerwiegenden Defekten geboren werden können. Die Zuchtordnung des CfBrH untersagt weitere Verpaarungen mit Merle (M) mit Ausnahme von tricolour, da es zu Fehlfarben und Fehlzeichnungen kommen kann. Jeder Verstoß diesbezüglich wird geahndet.

Auszug aus der Zuchtordnung für den Welsh Corgi Cardigan
Jede Farbe, mit oder ohne weiße Abzeichen. Weiß sollte jedoch nicht vorherrschen. Nase schwarz. Weiße Abzeichen in der Decke und an den Außenschenkeln geben Hinweis auf einen genetischen Weißfaktor. Es sollten niemals zwei Welsh Corgi Cardigans mit Weißfaktor miteinander verpaart werden. Alle Farbvarianten dürfen miteinander verpaart werden. Ausnahmen: Blue Merle darf nur mit Tricolour verpaart werden. Bei der Verpaarung Clear Red mit Clear Red muss vor dem Decken per DNA-Test für einen Zuchtpartner nachgewiesen werden, dass er den genetischen Status „mm" (also nicht-merle) trägt.

Fawn and White
(Rehfarben und Weiß)

Red and White
(Rot und Weiß)

Die Varietäten beim Welsh Corgi Pembroke

Red and White (Rot und Weiß)
Die Grundfarbe ist Rot, die Intensität jedoch kann variieren von Fawn (Rehfarben) über Fuchsrot bis zu einem dunklen Mahagoni. Dazu finden sich die typischen weißen Abzeichen wie die weiße Brust und Weiß an den Beinen/Pfoten. Eine weiße Blässe und/oder etwas Weiß an der Nase und eine weiße Halskrause dürfen ganz oder teilweise vorhanden sein. Bei den Hunden mit langer Rute darf auch eine weiße Rutenspitze vorhanden sein. Der Nasenschwamm muss eine schwarze Pigmentierung haben. Die Augen müssen eine braune Farbe aufweisen, die der Fellfarbe angepasst sein kann.

Dark Red and White
(Dunkles Rot und Weiß)

Sable and White (Zobel und Weiß)

Die Grundfarbe ist Rot, die Haare sind in sich mehrfarbig, meist hell an der Wurzel und dunkler an der Haarspitze. Das Sable-Muster variiert in Intensität und Ausdehnung meist in der Form einer spitz zulaufenden Kappe, aber manchmal beschränkt es sich auf Ohren, Kragen und Rute. Ebenso gut können die mehrfarbigen Haare auch auf dem ganzen Rücken vorkommen. Es kann zu einer Verwechslungsgefahr mit Rot kommen, allerdings ist bei Rot die Maske im Gesicht nicht vorhanden. Der Hund kann die üblichen weißen Abzeichen aufweisen. Der Nasenschwamm muss eine schwarze Pigmentierung haben. Die Augen müssen eine braune Farbe aufweisen, die der Fellfarbe angepasst sein kann.

Tricolour (Dreifarbig)

Die Grundfarbe ist Schwarz mit roten Abzeichen an Wangen, über den Augen und an den Beinen. Als Welpe haben diese Hunde alle die gleiche Fellfarbe, aber mit zunehmendem Alter kann man große Unterschiede bei der Ausbreitung der roten Abzeichen feststellen. Bei einer Ausbreitung der roten Abzeichen über den Kopf und die Schultern bezeichnet man diese als red-headed Tricolour (Dreifarbig mit rotem Kopf). Wenn sich die roten Abzeichen jedoch nicht oder nur minimal ausbreiten und die schwarze Fellfärbung an Kopf und Schultern erhalten bleibt, dann bezeichnet man diese als black-headed Tricolour (Dreifarbig mit schwarzem Kopf). Der Hund kann die üblichen weißen Abzeichen aufweisen. Der Nasenschwamm muss eine schwarze Pigmentierung haben und die Augen müssen dunkelbraun sein.

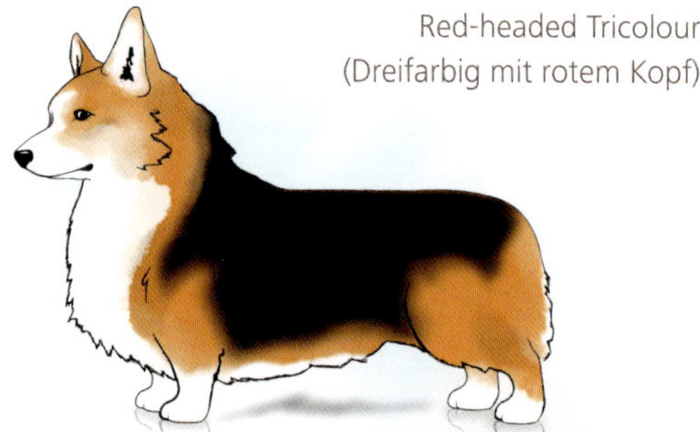

Red-headed Tricolour
(Dreifarbig mit rotem Kopf)

Black-headed Tricolour
(Dreifarbig mit schwarzem Kopf)

Auszug aus der Zuchtordnung für den Welsh Corgi Pembroke
Farben laut Standard: Rot, Sable, Rehfarben, Schwarz mit Brand, mit oder ohne Weiß an Läufen, Brustbein und Hals und etwas Weiß am Kopf und am Fang ist zulässig. Alle Farbvarianten dürfen miteinander verpaart werden.

Daraus schließen sich folgende Möglichkeiten der Verpaarungen:

Welsh Corgi **Pembroke**				
	✓	✓	✓	✓
	✓	✓	✓	✓
	✓	✓	✓	✓
	✓	✓	✓	✓

 Verpaarungen dieser Farbvarianten sind ohne Weiteres möglich.

Was bestimmt diese Farben?

Den Überblick verschafft ein genetisches Schema und erklärt angemessen die Hauptmerkmale der Farbvererbung beim Welsh Corgi. Da sich Wissen über die Genetik täglich weiterentwickelt, ist es nur eine Zusammentragung der momentanen Erkenntnisse (Stand: Mai 2020). Trotzdem bleibt zu hoffen, dass die hier dargestellten Grundlagen ihre Gültigkeit behalten und dieser Abschnitt im Buch auch in ein paar Jahren noch hilfreich sein wird.

Die Vererbung der Fellfarbe wird ebenso wie die Vererbung aller anderen Merkmale von den Genen gesteuert. Gene sind

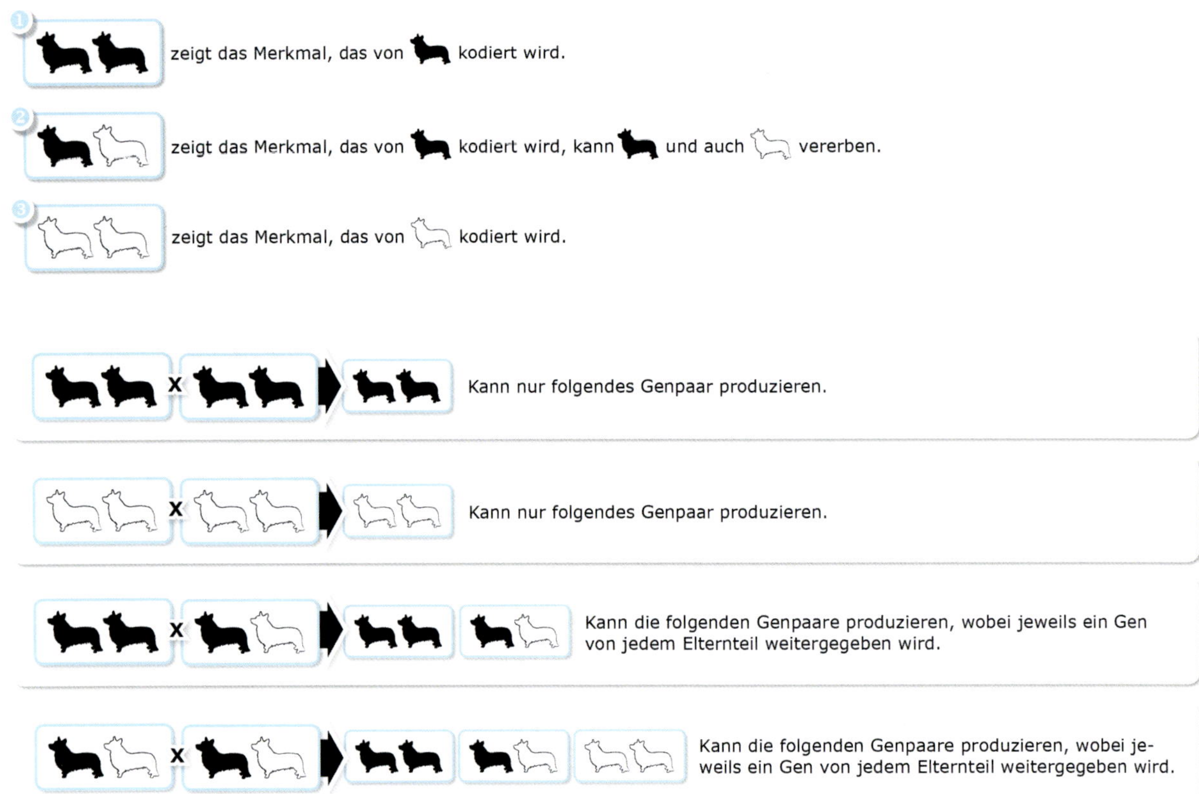

im Wesentlichen Signaleinheiten, welche die Entwicklung steuern. Sie werden in der Regel unverändert von den Eltern auf ihre Nachkommen übertragen.
Ein Hund hat an jedem Genort zwei Gene, die sich auf jedes einzelne vererbte Merkmal beziehen. Jeweils ein Gen pro Genort stammt vom Vater und das andere von der Mutter (unabhängig vom Geschlecht). Jeder Hund überträgt wiederum eines seiner Gene pro Genort an jeden Nachkommen (wiederum unabhängig vom Geschlecht). Die beiden Gene können gleich oder verschieden sein.

Wenn die beiden Gene gleich sind, zeigt der Hund das Merkmal in der Form, die diese Gene diktieren, und vererbt nur dieses Gen. Wenn die Gene verschieden sind, dann zeigt der Hund (bei dominant-rezessivem Erbgang) nur das Merkmal des dominanten Gens, kann aber entweder das dominante Gen oder das rezessive Gen an seine Nachkommen vererben. Die Diagramme auf der linken Seite zeigen dieses Vererbungsmuster unter Berücksichtigung der Kreuzungen zwischen Tieren, die Gene tragen, und werden durch ● und ○ dargestellt, wobei ● das dominante Gen und ○ das rezessive Gen bezeichnet.

Wir müssen mehrere Gruppen von Genen und deren Genort (Lokus) berücksichtigen, um die Bandbreite der Farben und Muster zu beschreiben, die bei der Vererbung der Fellfarbe vom Welsh Corgi eine Rolle spielen.
Bei einigen Gruppen gibt es mehrere verschiedene Allele, obwohl jedes Tier nur zwei trägt (welches reinerbig ●●/○○ oder mischerbig ●○ sein kann).

Fellfarben und deren Genorte

E-Lokus

Beim Hund bestimmen zwei verschiedene Pigmente die Fellfarbe: das schwarze Pigment Eumelanin und das gelbliche Pigment Phäomelanin, dessen Farbe Rot, Gelb oder Creme sein kann.
Der E-Lokus steht in der Hierarchie der Gene, die die Fellfarbe prägen, ganz oben. Auf diesem Lokus befindet sich das sogenannte Melanocortin-Rezeptor-1-Gen (MC1R). Es kann drei Allele ausbilden: **EM** (schwarze Maske), **E** (kein Einfluss auf die Farbe) und **e** (es kann nur Phäomelanin ins Haar eingelagert werden). EM ist dominant gegenüber E und e; E ist rezessiv gegenüber EM, aber dominant gegenüber e.
E lässt die Eumelanin-Produktion und damit die Bildung schwarzer Pigmente zu. Da **E** und **EM** gegenüber **e** dominant sind, genügt ein **E**-Allel, um die Ausprägung von Schwarz zuzulassen. Schwarze und braune Hunde (B-Lokus) können genotypisch also homozygot **E/E** oder auch heterozygot **E/e** sein. **E** kann auch als **EM** vorliegen (siehe auch E-Maske).
E und **EM** lassen die Ausprägung der Gene am A-Lokus zu. Wenn aber **e** homozygot (reinerbig) als **e/e** wie beim Clear Red vorliegt, wird die Eumelanin-Produktion im Haar unterdrückt. Es kann keine schwarze Farbe im Haar gebildet werden. Die Fellfarbe entsteht lediglich durch das Phäomelanin. Die Haut (Schleimhaut und Nasenspiegel) hingegen kann Eumelanin bilden. Je nachdem, welches Gen die gelbe Fellfarbe bestimmt, spricht man von rezessivem Gelb **(e/e)** oder von dominantem Gelb **Ay**/- (A-Lokus). Eine weitere Reihe anderer Faktoren beeinflusst zusätzlich die Ausbildung von schwarzen und roten/gelben Pigmenten und bewirkt die unterschiedlichen Farbschläge und Fellvarianten, welche man beim Corgi findet.

E-Maske

Das Allel **EM** (Masken-Allel) auf dem **E**-Lokus ist eine Sonderform des **E**. Beide sind dominant gegenüber **e**. Das Allel **EM** ist für die dunkle Maskenbildung um den Fang herum bis zu den Augen verantwortlich. Die übrige Fellfärbung wird von den Allelen des **A**-Lokus gesteuert. Daher auch der Name Schwarzmasken-Allel. Auch schwarze Hunde können das Masken-Allel **EM** tragen, nur ist die Maske dann nicht sichtbar.

Die Brindle-Färbung gibt es nur beim Cardigan.

K-Lokus

Am K-Lokus befindet sich die Mutation für dominantes Schwarz und wahrscheinlich auch die Mutation für Brindle (Stromung). Damit dieser Genort überhaupt einen Einfluss auf die Fellfarbe ausüben kann, ist es nötig, dass am **E**-Lokus mindestens ein **E**- oder **EM**-Allel vorliegt und so die Synthese von schwarzem Eumelanin möglich ist.
Am **K**-Lokus befinden sich die Allele **KB** und **ky**. Das Allel **KB** führt zu einem einfarbig schwarzen oder braunen Fell (die Farbe wird am **B**-Lokus bestimmt) in den pigmentierten Bereichen. **KB** ist dominant gegenüber **ky** und unterdrückt somit die Ausprägung der Farbgene auf dem A-Lokus. Hunde mit dem Genotyp KB/KB sind einfarbig schwarz (oder braun) in den pigmentierten Bereichen. Allerdings lässt sich mit einem Gentest auf den K-Lokus nicht feststellen, ob ein Hund mischerbig dominant schwarz oder brindle ist, in beiden Fällen ist der Genotyp **KB/ky**. Somit entsteht eine gestromte (brindle) Färbung wie beim Cardigan durch **KB/ky**. Ein Gentest auf den Stromungsfaktor existiert derzeit nicht. Alle Welsh Corgis, die kein Brindle tragen, sind am **K**-Lokus **ky/ky**.

B-Lokus

Das sogenannte TYRP1 Gen (Tyrosinase-Related Protein 1), auch Braun-Gen genannt, verdünnt gewissermaßen das schwarze Pigment, hat allerdings keinen Effekt auf Rot/Gelb. Damit dieser Genort einen Einfluss auf die Fellfarbe haben kann, muss mindestens ein **E**- oder **EM**-Allel am **E**-Lokus vorliegen. Für die Entscheidung, ob ein Hund schwarzes oder braunes Eumelanin bildet, ist der **B**-Lokus relevant. Das Allel für schwarzes Eumelanin ist **B**, das für braunes Eumelanin **b**. Da das Allel **B** gegenüber **b** dominant ist, ist ein Hund mit der Allelkombination B/b oder B/B schwarz. Ein Hund mit braunem Eumelanin ist genotypisch **b/b**. Für Züchter ist es von Vorteil zu wissen, ob ihr schwarzer Hund die schwarze Farbe in jedem Fall vererbt oder auch Allele für die braune Farbe besitzt. Nachkommen von reinerbigen Eltern sind immer schwarz,

denn **B/B** x **b/b** ergibt immer **B/b**. Kreuzt man aber zwei mischerbige Hunde miteinander, so spalten sich die Nachkommen in einem charakteristischen Zahlenverhältnis auf. **Bb** x **Bb** ergeben: **BB** reinerbig schwarz, **Bb** mischerbig (phänotypisch schwarz, trägt Braun) und **bb** reinerbig braun. Statistisch gesehen kann es also bei der Verpaarung von zwei Braun-Trägern (B/b) zu **b/b** Hunden kommen, bei welchen durch das Tyrosinase-Related Protein 1 (TYRP1 Gen) die Eumelanin-Struktur verändert und die Farbe von Schwarz zu Braun wird. Es wirkt sich nicht nur auf die Haare, sondern auch auf die Pigmente der Haut und der Augen aus. Der Nasenschwamm ist braun statt schwarz, die Augen können ebenfalls heller sein.

A-Lokus

Am A-Lokus befinden sich verschiedenen Allele, die die Verteilung der Farbpigmente im Haarschaft, aber auch auf dem Hundekörper steuern. Durch das Zusammenspiel zwischen **E**-Lokus und Agouti-Protein werden die verschiedenen Fellfarben beim Welsh Corgi ausgeprägt (Fawn, Red, Sable, all Shades, Tricolour). Die Haut- und Haarzellen erhalten das Signal zur Bildung von Eumelanin (schwarz, braun) oder Phäomelanin (gelblich, rötlich) vom **A**-Lokus. Dieses Signal kann sowohl **räumlich** als auch zeitlich begrenzt sein. Ist das Signal **zeitlich begrenzt**, führt dies zu einer **Bänderung der Einzelhaare**, ist es **räumlich** und nicht zeitlich begrenzt, so wird lokal nur Phäomelanin gebildet und es entstehen **Marken** (Tan-Abzeichen). Das Agouti-Protein ist also verantwortlich für die vielen verschiedenen Kombinationen von Eumelanin und Phäomelanin. Die vier bislang bekannten Allele des A-Lokus bilden hierarchisch die Grundlage für diese Farben: **Ay, aw, at** und **a**. Das Allel mit der größten Dominanz ist das Allel **Ay** (Sable, Red, Fawn). Durch dieses Allel wird die Produktion von Eumelanin unterdrückt. Es wird überwiegend Phäomelanin in die Haare eingelagert, die Haarspitzen können mehr oder weniger ausgedehnt Eumelanin enthalten. Ob das Allel **Ay** am **A**-Lokus seine Wirkung entfalten kann, hängt von den Allelkombinationen am **E**-Lokus und am **K**-Lokus ab. Die Allelkombination (Genotyp) **e/e** am **E**-Lokus überlagert immer die Gene des K- und A-Lokus, da **e/e** gar keine Eumelanin-Produktion in den Pigmentzellen der Haarfollikel zulässt. Somit ist für die Ausprägung der Farben auf dem A-Lokus mindestens ein **E**- oder **EM**-Allel am **E**-Lokus nötig. Auch das dominante Schwarz **KB** auf dem K-Lokus würde die Ausprägung der Allele des A-Lokus verhindern (kommt aber beim Welsh Corgi höchstwahrscheinlich nicht vor).
Wildfarben entstehen durch das **aw**-Allel, das zeitlich begrenzte Farbsignale sendet. Das Einzelhaar ist hier gebändert (meliert). Das Fell erscheint, je nach Farbintensität des Phäomelanins, grau bis rotgrau. Für eine räumliche Abgrenzung steht das **at**-Allel (tan-points und tricolour). Es ist verantwortlich für hellere Marken im Wangen-, Schnauzen- und Kehlbereich wie über den Augen und an den Läufen. Diese Marken können klar voneinander abgegrenzt sein oder ineinander übergehen. Es ist auch verantwortlich für den Tricolour Welsh Corgi.
Ganz am Ende der Agouti-Serie steht das rezessive Schwarz **a** (äußerst selten beim Welsh Corgi). Es kann je nach Allelkombination auf dem **B**-Lokus tatsächlich Schwarz oder Braun sein. Die hier vorgestellten Farben verändern sich vom Welpenalter bis zum Erwachsenenalter oft stark.

M-Lokus (nur Cardigan)

(Merle-Allele: Mh, M, Ma+, Ma, Mc+, Mc, m und Mosaike)
Das für die Merle-Färbung verantwortliche SILV-Gen bewirkt eine Farbverdünnung, die je nach Allel unregelmäßige, zerrissen wirkende unverdünnte Farbflecken oder eine einheitliche Aufhellung entstehen lässt. Das Merle-Allel **M** verhält sich unvollständig dominant gegenüber der Normalform **m**. Der Blue Merle Welsh Corgi Cardigan M/m stellt einen Tricolour plus Merle dar und darf ausnahmslos nur

Die blauen Augen sind nur beim Blue Merle Cardigan zugelassen.

mit m/m Tricolour (Tricolour ohne Merle) gepaart werden. Verantwortlich für die Ausprägung der Merle-Zeichnung ist eine „SINE Insertion“ mit variabler Länge, welche in verschiedenen Allel-Varianten vorliegen und je nach Allel verschiedene phänotypische Veränderungen nach sich ziehen kann.
(Anmerkung: SINE ist die Abkürzung für „short interspersed repetitive elements“, was so viel bedeutet wie „kurze, sich ständig wiederholende DNA-Elemente“. Sie bestehen aus 100 bis 500 Basenpaaren. Als Insertion bezeichnet man eine Mutation, bei der zusätzliche Basenpaare ins ursprüngliche Gen eingebaut werden.)
Bisher sind die Varianten **Mh**-„Harlequin“-Merle, **M** für klassisches Merle, **Ma+**, **Ma** für atypisches Merle und **Mc+**, **Mc** für kryptisches Merle beschrieben. Die unveränderte Genvariante wird mit m für non-merle bezeichnet. Die unterschiedlichen Längen der verschiedenen Merle-Allele haben dabei auch unterschiedliche Ausprägungen der Merle-Zeichnung zur Folge.

Bei **Mc** und **Mc+** ist die Insertion so weit verkürzt, dass keine Veränderung der Grundfarbe auftritt, solange diese Allele mit m kombiniert werden. Bei Hunden mit dem Genotyp **M/M** (früher als „Double-Merle“ bezeichnet) sowie allen genetischen Kombinationen von **M** oder **Mh** mit den Allelen **Mh**, **M** oder seltener auch mit **Ma+** und **Ma** können schwere Innenohrfehlbildungen entstehen, die zu Schwerhörigkeit oder Taubheit führen. Zudem können Fehlbildungen des Auges auftreten. Diese Tiere haben oft einen stark erhöhten Weißanteil oder sind vollständig weiß gefärbt (dies ist nicht mit der Wirkung des S-Lokus zu verwechseln). Das Zustandekommen dieser Tiere gilt in Deutschland als „Qualzucht“ und entsprechende Verpaarungen sind somit gesetzlich verboten.
Die Ausprägung der Merle-Zeichnung kann auch nur auf kleine Bereiche beschränkt sein und wird dann „Minimal Merle“ genannt. Wird eine Merle-Zeichnung durch bestimmte Farb-Phänotypen kaum oder nicht sichtbar, z.B. bei Sable, rezessivem Rot (Clear Red) oder Extremschecken, dann spricht man von „Hidden Merle“. Da eine optische Identifikation dieser Tiere als Merle nicht immer möglich ist, muss vor einer Verpaarung von Clear Red x Clear Red ein Merle-Test beider Tiere durchgeführt werden. Im Allgemeinen ist ein Gentest immer ratsam, wenn Merle in einer zur

Zucht verwendeten Linie vorhanden ist oder vermutet wird.
Ein Blue Merle Cardigan hat red points, wenn am K-Lokus kein dominantes KB, sondern ky/ky vorliegt. Bei Blue Merle mit brindle points ist der Genotyp am K-Lokus KB/ky. Auch auf die Augenfarbe können bestimmte Merle-Allele einen Einfluss haben: Es können zwei blaue Augen, zwei braune Augen, jeweils ein blaues und ein braunes Auge oder eine Mischung aus beiden Farben im Auge auftreten. Das „wall eye" (siehe weiter unten) beim Pembroke hat eine andere Ursache.

Saddle-Tan (nur Pembroke)

Das **at**-Allel am **A**-Lokus ist für die grundsätzliche Ausprägung verantwortlich, ob beim Welsh Corgi Pembroke Black and Tan (black headed tri, BHT) oder Saddle-Tan (red headed tri, RHT) ausgeprägt werden. Der Farbschlag Black and Tan stellt sich in Form gelblicher bis rötlicher Marken am Fang, über den Augen, an der Brust, an den Läufen und unterhalb der Rutenwurzel dar, während der Rest des Tieres dunkel gefärbt ist. Bei Saddle-Tan dehnen sich die Tan-Marken so weit aus, dass der dunkle Bereich nur noch wie ein Sattel über dem Rücken liegt. Saddle-Tan-Hunde werden gewöhnlich Black and Tan geboren und im Laufe des Wachstums weicht die schwarze Fellfarbe zunehmend auf den Rückenbereich zurück.

Der Saddle-Tan-Phänotyp kann nur dann ausgeprägt werden, wenn der Hund zumindest ein **E**- oder **EM**-Allel (**E**-Lokus), zwei **ky**-Allele (**K**-Lokus) und den Genotyp **at/at** am **A**-Lokus trägt (theoretisch wäre auch der Genotyp at/a möglich, dieser dürfte aber beim Welsh Corgi Pembroke, wenn überhaupt, nur extrem selten vorkommen). Saddle-Tan-Pembrokes können die Genotypen **St/St** oder **St/bt** besitzen, Black-and-Tan Pembrokes sind immer **bt/bt**. Für den Welsh Corgi Pembroke kann dieser Unterschied über einen Gentest erfasst werden. Das Allel für Saddle-Tan **St** ist beim Welsh Corgi Pembroke über die Duplikation **bt**, die für Black and Tan verantwortlich ist, dominant.

Mit diesen beschriebenen Genorten können die standardgerechten Farbschläge der Welsh Corgis erklärt werden und es ist möglich, verschiedene Muster genetisch und teilweise optisch voneinander zu unterscheiden.

Anhand der Fellfärbung bei diesem Red-headed Tricolour Pembroke erkennt man, dass der Hund das Saddle-Tan-Gen tragen muss.

Welsh Corgi Cardigan **ohne brindle**:

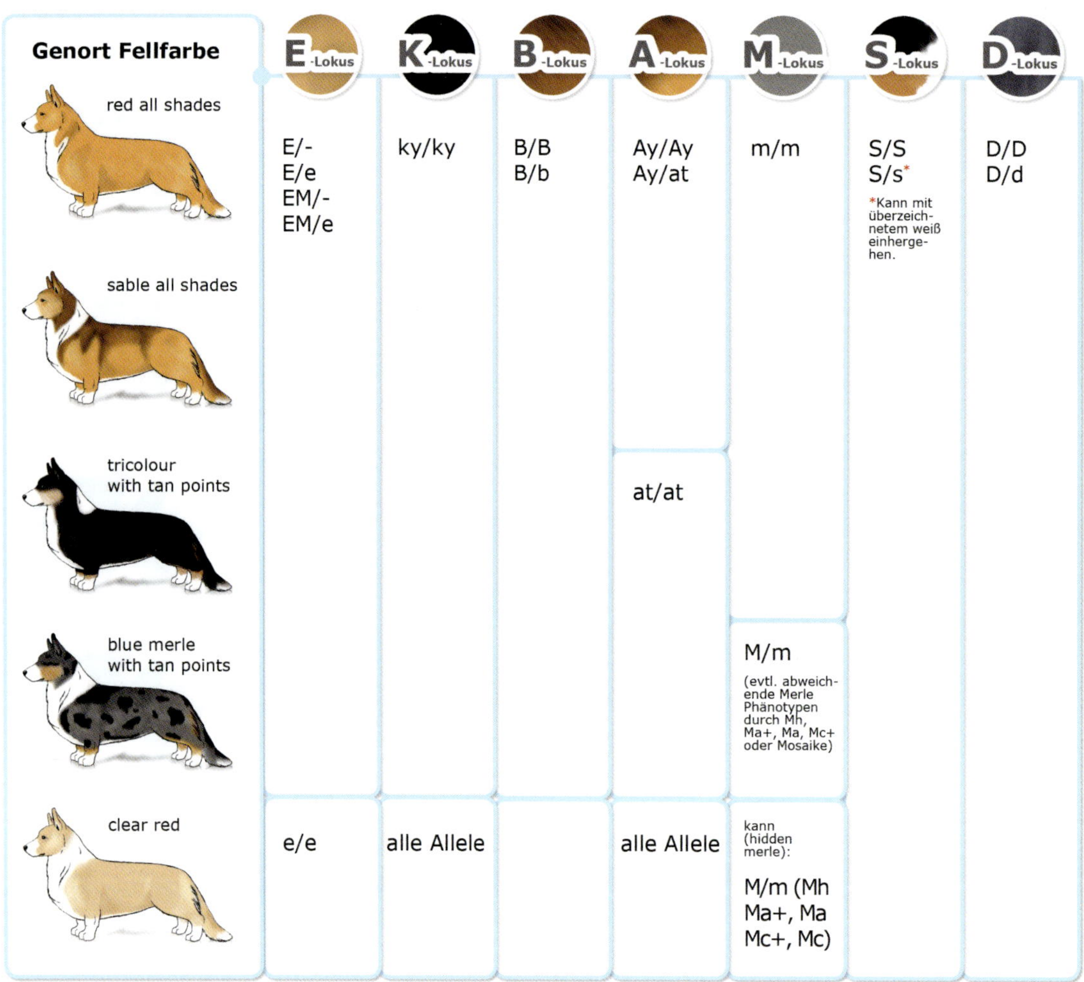

Genort Fellfarbe	E-Lokus	K-Lokus	B-Lokus	A-Lokus	M-Lokus	S-Lokus	D-Lokus
red all shades	E/- E/e EM/- EM/e	ky/ky	B/B B/b	Ay/Ay Ay/at	m/m	S/S S/s* *Kann mit überzeichnetem weiß einhergehen.	D/D D/d
sable all shades							
tricolour with tan points				at/at			
blue merle with tan points					M/m (evtl. abweichende Merle Phänotypen durch Mh, Ma+, Ma, Mc+ oder Mosaike)		
clear red	e/e	alle Allele		alle Allele	kann (hidden merle): M/m (Mh Ma+, Ma Mc+, Mc)		

Welsh Corgi Cardigan **mit brindle**:

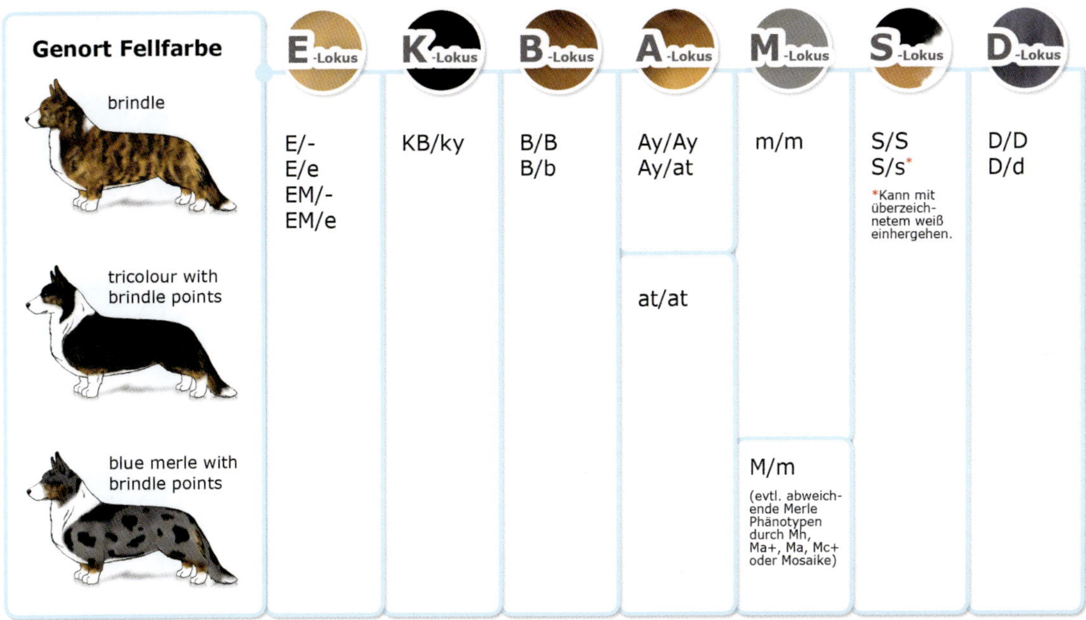

Genort Fellfarbe	E-Lokus	K-Lokus	B-Lokus	A-Lokus	M-Lokus	S-Lokus	D-Lokus
brindle	E/- E/e EM/- EM/e	KB/ky	B/B B/b	Ay/Ay Ay/at	m/m	S/S S/s* *Kann mit überzeich-netem weiß einhergehen.	D/D D/d
tricolour with brindle points				at/at			
blue merle with brindle points					M/m (evtl. abweich-ende Merle Phänotypen durch Mh, Ma+, Ma, Mc+ oder Mosaike)		

Irische Scheckung

Dies ist die standardgerechte weiße Zeichnung der beiden Welsh Corgi-Rassen und wird auch als „Irish Pattern" bezeichnet. Sie zeichnet sich aus durch ein symmetrisches Muster mit weißen Abzeichen an der Unterseite, an Hals, Schnauze und/oder Stirn, das bei jedem Corgi, der dem Standard entspricht, vorkommt. Die dafür verantwortlichen Veränderungen in der DNA liegen vermutlich nicht auf dem S-Lokus und können auch derzeit noch nicht mit einem Gentest nachgewiesen werden.

Das symmetrische Muster der weißen Abzeichen bezeichnet man als Irische Scheckung und sollte bei beiden Corgi-Rassen vorhanden sein.

Welsh Corgi Pembroke:

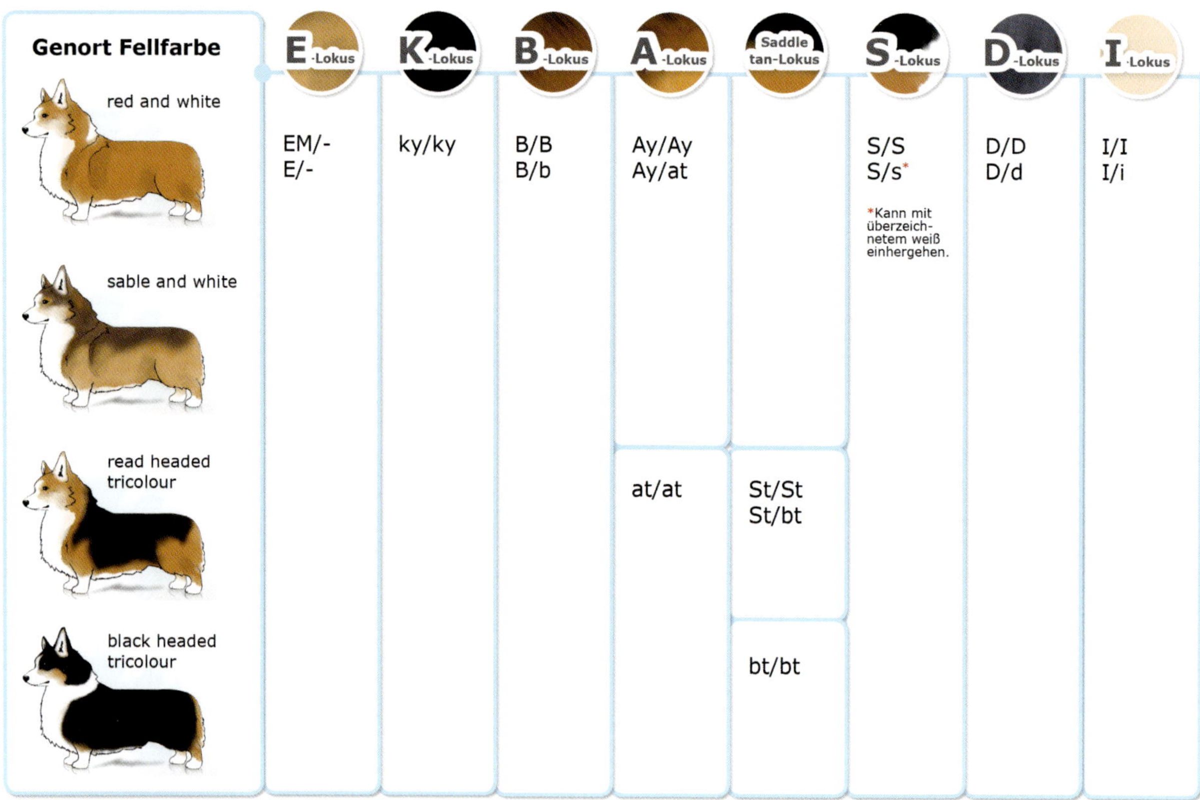

Genort Fellfarbe	E-Lokus	K-Lokus	B-Lokus	A-Lokus	Saddle tan-Lokus	S-Lokus	D-Lokus	I-Lokus
red and white	EM/- E/-	ky/ky	B/B B/b	Ay/Ay Ay/at		S/S S/s* *Kann mit überzeich-netem weiß einhergehen.	D/D D/d	I/I I/i
sable and white								
read headed tricolour				at/at	St/St St/bt			
black headed tricolour					bt/bt			

Fehlfarben

Clear Red („Pink")

Die Grundfarbe beim Clear Red Welsh Corgi Cardigan ist ein helles, creme- bzw. strohfarbenes blasses Rot, welches über keinerlei schwarze Farbe im Fell verfügt. Einige dieser Hunde tauchen jedoch mit anderen Nasenschwammfarben als Schwarz auf. Diese können hell bis dunkelbraun sein und werden als Wechselnasen bezeichnet, da sie im Winter meist heller sind als im Sommer. Clear-Red-Hunde, die von Geburt an eine braune Nase haben, haben wahrscheinlich zusätzlich den Genotyp b/b auf dem B-Lokus. Werden Clear-Red-Hunde mit einer schwarzen Nase geboren und bekommen erst im erwachsenen Alter eine bräunliche Nase, so ist dies eine Wechselnase. Eindeutig unterscheiden kann man diese beiden Arten von brauner Nase per Gentest (B-Lokus).

Cremefarbe

Leider tauchen immer wieder viel zu helle cremefarbene Welsh Corgi Pembrokes auf. Das mutmaßlich verantwortliche Gen hierfür wurde erst vor Kurzem identifiziert. Somit lässt sich diese „Fehlfarbe" aufgrund einer Verblassung des Phäomelanins identifizieren. Diese Hunde sind grundsätzlich zur Zucht zugelassen, aber jeder Züchter sollte bestrebt sein, sich genetisch und optisch die passenden Partner für eine Verpaarung zu suchen.

Der I-Lokus beeinflusst die Farbintensität des Phäomelanins. I steht hier für Intensität oder englisch intensity. Phäomelanin kann unterschiedliche Farbstufen annehmen, von intensivem Rot oder Orange über Gelb und Creme bis hin zu Weiß. Das dominante I-Allel steht für nicht verblasstes Phäomelanin (Rot, Orange, Gelb), das rezessive i-Allel steht für Creme (bis hin zu einer weißlichen Aufhellung). Ob und in welcher Ausdehnung Phäomelanin gebildet und auf dem Hundekörper verteilt wird, bestimmen zunächst die Genorte **E-**, **K-** und **A**-Lokus.

Der I-Lokus entscheidet dann, ob die Phäomelanin-Bereiche eine zusätzliche Aufhellung durch i/i zeigen. Die Pigmentierung von Haut, Nase und Augen ist hier nicht betroffen.

Blauverdünnung

Am D-Lokus (Dilution, Farbverdünnung) können zwei Allele vorkommen, **D** und **d**. Diese haben Auswirkungen auf die Größe und Anordnung der Pigmente. Unter dem Einfluss des defekten Allels d kommt es sowohl zur Verdünnung von Eumelanin (Schwarz/Braun) als auch von Phäomelanin (Rot/Gelb). Hervorgerufen durch diese Mutation am D-Lokus kann in beiden Rassen eine Verdünnung oder Aufhellung der Grundfarbe auftreten. Der Erbgang ist autosomal-rezessiv, das heißt, die Farbverdünnung entsteht nur, wenn das mutierte d-Allel homozygot als d/d vorliegt.

Unter dem Einfluss des defekten Gens kommt es zur „Verklumpung" der Pigmente im Haar, welches dann heller erscheint. Sowohl Eumelanin als auch Phäomelanin sind davon betroffen. Bei verschiedenen Hunderassen wird die resultierende Fellfärbung unterschiedlich benannt (z. B. Lilac, Silber, Isabella, Champagner).

Bei Hunden mit dem Genotyp d/d kann es zur sogenannten Colour Dilution Alopezie (CDA) kommen. Damit gemeint ist ein Haarausfall, der bis zu einer chronischen Hautentzündung führen kann. Es ist jedoch nicht jeder d/d-Hund davon betroffen. Bisher ist kein genetischer Faktor bekannt, der zwischen farbverdünnten Tieren mit und ohne Symptome einer CDA unterscheidet. Hunde mit dieser Fehlfarbe werden auch als Bluies bezeichnet.

S-Lokus (Piebald- oder Plattenscheckung)

Unabhängig von der Grundfarbe des Fells, kann in beiden Welsh Corgi-Rassen eine Fehl- oder Weißüberzeichnung auftauchen. Das MITF-Gen, auch **S**-Lokus genannt, ist ein Hauptregulator, der diese Pigmentierung steuert. Eine genetische Veränderung in diesem Gen unterbricht die Entwicklung der Pigmentzellen im Embryonalstadium und führt zu nicht pigmentierten Bereichen mit weißer Fellfarbe und rosafarbener Haut. Die verschiedenen Weißzeichnungen (zum Beispiel Plattenscheckung, Irische Scheckung, White Head) haben keine einheitliche genetische Ursache. Das Microphthalmia Associated Transcription Factor Gen (MITF Gen) wird mit der sogenannten Piebald- oder Plattenscheckung assoziiert.

Die Bandbreite reicht von einer mantelartigen Scheckung („pseudoirische Scheckung") über eine typische Plattenscheckung bis hin zur Extremscheckung. Durch einen Gentest auf den S-Lokus kann festgestellt werden, ob ein Corgi Träger dieser Piebald-Scheckung ist. Hunde, welche die rezessive Piebald-Mutation nicht tragen, können keine Piebald-Scheckung hervorbringen. Bei Hunden, die reinerbig für die Piebald-Mutation sind, wird eine Piebald-Scheckung (in manchen Fällen auch eine Extremscheckung) ausgeprägt. Ein erhöhtes Taubheitsrisiko besteht bei Hunden, bei denen sich die weiße Scheckung über den Kopf und die Ohren erstreckt. Auch die Augen- und Lidpigmentierung kann bei einer Weißscheckung betroffen sein, was unpigmentierte Lider und im Extremfall auch ein oder zwei blaue Augen zur Folge haben kann.

Anmerkung

Die Befundung am S-Lokus kann sich von Labor zu Labor unterscheiden. Das Labor Laboklin befundet z. B. das „Normal-Gen" (keine Piebald-Scheckung) mit N, die Piebald-Mutation mit S. Andere Labore befunden hingegen das Normal-Gen mit S und die Mutation mit sp.

Bei unpigmentierten Lidern besteht eine erhöhte Neigung zu Lidreizungen, blaue Augen haben eine erhöhte Lichtempfindlichkeit. In Kombination mit einer Irischen Scheckung verhält sich Piebald dosisabhängig. In solchen Rassen ist das S-Allel semi-dominant. Eine Kopie des S-Allels (N/S) bewirkt eine begrenzte Weißüberzeichnung. Hunde mit zwei Kopien des S-Allels zeigen ein ausgedehnteres Muster, zum Beispiel mit farbigen Bereichen nur am Kopf und eventuell einem Farbfleck am Rumpf. Das S-Allel ist rezessiv, somit sind zwei Allele notwendig, um die Piebald-Scheckung hervorzurufen. Eine weitere Bezeichnung für Hunde mit dieser Fehlfarbe sind Whitelies.

Welsh Corgi Cardigan Piebald

Welsh Corgi Pembroke Piebald

Fehlzeichnung

Aufgrund des offiziellen Standards ist die Weißzeichnung nur in bestimmten Bereichen beim Welsh Corgi zulässig. Trotzdem kann es vorkommen, dass gelegentlich ein Welpe mit mehr Weiß geboren wird, als der Standard es vorschreibt.

Mit Weißüberzeichnung ist gemeint:

- eine übergroße, weiße Halskrause, welche über die Schulter hinausreicht
- eine Hälfte des Kopfes ganz weiß oder ein ganz weißer Kopf
- Auge im Weißanteil
- über das Sprunggelenk hinausreichendes weißes Haarkleid

- an den Hinterbeinen weiße Außenseite
- der Oberschenkel von außen oder sichtbares Weiß von außen an der Innenseite der Oberschenkel
- weiße Unterbrechungen oder Flecken in der farbigen Decke
- Kombinationen der oben genannten Punkte

Es versteht sich von selbst, dass mit diesen Hunden nicht gezüchtet werden sollte. Denn diese übermäßige Weißzeichnung kann, wenn sie im Bereich des Kopfes auftritt, mit einem erhöhten Taubheitsrisiko verbunden sein.

Bei diesem Cardigan-Welpen ist die Weißüberzeichnung deutlich zu erkennen.

Gibt es den Blue Merle-Pembroke?

Diese Frage ist eindeutig zu verneinen. Es gibt keinen reinrassigen Welsh Corgi Pembroke in der Farbe Blue Merle. Diese Farbe kann nur auftreten, wenn ein Welsh Corgi Pembroke mit einem Cardigan verpaart wird. Eine derartige Kreuzung ist unter den Statuten des FCI, VDH und dem Club für Britische Hütehunde eindeutig untersagt. Solche Verpaarungen unseriöser Züchter dienen lediglich der Profitgier und sollten nicht durch den Kauf eines Welpen unterstützt werden.
Es kann allerdings vorkommen, dass ein Welsh Corgi Pembroke-Welpe anstelle der regulären Fellfärbung abweichend graues statt schwarzes Eumelanin aufweist. Dies hat allerdings nichts mit der Blue Merle-Färbung zu tun, sondern wird durch die Blauverdünnung d/d am D-Lokus verursacht.

„Blue eye" oder „Wall eye"

Blaue Augen finden sich bei einer Reihe von Hunderassen, darunter auch bei Collies, Border Collies und Welsh Corgi Cardigans in Zusammenhang mit dem Merle-Gen, aber es kommt gelegentlich auch vor, dass bei einem Welsh Corgi Cardigan oder Pembroke ein oder ganz selten zwei blaue Augen bei einem Hund ohne Merle auftreten.

Die Ursache hierfür ist noch nicht bekannt. Möglich sind bislang nicht testbare Weißscheckungsfaktoren (z.B. „white head", die auch mit einer breiten weißen Blesse einhergehen können) oder ein separater Faktor für blaue Augen (wie er z.B. bereits für den Siberian Husky nachgewiesen wurde).

Bei einem Welsh Corgi mit einem oder zwei blauen Augen, der nicht offensichtlich Merle oder ein Plattenschecke ist, ist es ratsam, sowohl auf den M-Lokus als auch auf den S-Lokus zu testen, um diese beiden Ursachen mit Sicherheit auszuschließen. Hat ein Corgi blaue Augen und trägt nachgewiesenermaßen weder Merle-Gene noch Gene für Piebald-Scheckung, so ist die Ursache entweder eine nicht testbare Scheckungsmutation oder ein separater Faktor für blaue Augen (analog zum Husky).

Auch bei Corgis ohne Merle-Gen können blaue Augen auftreten.

Varietäten im Phänotyp

Brachyurie (Stummelrute) beim Welsh Corgi Pembroke

Die natürliche kurze Rute, im englischen „natural bobtail", war schon immer ein Merkmal vom Corgi Pembroke. Viele Jahre wurde die Rute des Pembrokes kupiert und nicht auf die natürliche Vererbung dieser Disposition geachtet. Am 01.07.1993 wurde in England durch das britische Parlament ein Gesetz erlassen, welches das Kupieren der Rute untersagte. Das Kürzen der Rute war fortan nur noch qualifizierten Tierärzten gestattet, was allerdings durch den Verband der Tierärzte negiert wurde. Dieser sah es als unethisch an, einen Hund ohne medizinischen Hintergrund zu kupieren und erließ einen entsprechenden Beschluss. Ein Verstoß gegen diesen zog in der Folge den Verlust der Approbation des jeweiligen Veterinärs nach sich. In Schweden und Norwegen gab es eine derartige Gesetzgebung bereits seit dem 01.07.1988 und in Deutschland seit 1998.
Viele Liebhaber und Züchter dieser Rasse haben versucht, sich gegen das Kupierverbot aufzulehnen. In diesem Zuge wurde in England angestrebt, einen Erlass auf den Weg zu bringen, das Kürzen der Rute im Standard aufzunehmen. Die Hoffnung bestand darin, dass vom Staat einige erfahrende Züchter benannt werden, die diese Prozedur weiterhin tätigen dürfen, um das Kupierverbot außer Kraft zu setzen. Ein schon im Jahr 1931 verhängtes Kupierverbot wurde aufgrund illegaler Verstöße und der Unmöglichkeit von Kontrollen 1934 wieder aufgehoben. Es war zu jener Zeit, als die Rivalitäten zwischen den beiden Corgi-Typen Pembroke und Cardigan

ihren Höhepunkt erreicht hatten. Damals war der natural bobtail das charakteristische Merkmal für den Welsh Corgi Pembroke und etwa die Hälfte aller Welpen wurde mit einer kurzen Rute geboren. Durch das daraus resultierende willkürliche Kupieren wurde das natürliche Gen (NTB), welches für die kurze Rute verantwortlich ist, vernachlässigt. Bei dem erneuten Inkrafttreten des Kupierverbotes war das Gen bereits so weit zurückgegangen, dass man immense Qualitätsverluste der Rasse hätte in Kauf nehmen müssen, um es wieder aufleben zu lassen.
Das Gen für natural bobtail wird dominant vererbt. Die Länge der Rute bei Welpen in einem Wurf variiert dabei immer und wird nie homogen weitergetragen, da es von modifizierten Faktoren beeinflusst wird. Der englische Standard akzeptiert eine Länge ab „two inches“, was in Deutschland 5 cm Länge entspricht. In der heutigen Zeit werden vermehrt Verpaarungen getätigt, bei denen kein Elterntier das Gen für den natural bobtail trägt, allerdings gibt es auch Züchter, die großen Wert auf dieses Gen und dessen Erhaltung legen.

Hier kann man gut erkennen, wie unterschiedlich die Rutenlänge beim Pembroke sein kann.

Nach Eintritt des Kupierverbotes standen für die Züchter viele Fragen im Raum. Zum einen wurde heftig über Anomalien an der Wirbelsäule bei NTB-Trägern diskutiert und zum anderen gab es Spekulationen, dass das Gen bei einer Verpaarung von zwei NTB-Trägern letal wirkt. Im Zuge dessen wurden vom norwegischen Welsh Corgi Klub (NWCK) Studien in Auftrag gegeben und finanziert. Hierzu wurde die Wirbelsäule von Hunden mit Stummelrute geröntgt, bei denen nur ein Elterntier das NTB-Gen trug. Das Ergebnis dieser Studie hat eindeutig widerlegt, dass ein Zusammenhang zwischen dem NTB-Gen und Wirbelsäulenmissbildungen besteht.
Für eine weitere Studie wurde Hunden Blut entnommen, deren Elterntiere beide das NTB-Gen trugen. Das entnommene Blut wurde zur Untersuchung nach England gesandt. Anhand dieser genetischen Untersuchungen wurde die entscheidende Erkenntnis erlangt, dass es bei solchen Verpaarungen nie ein doppelter Träger (homozygot) vorlag, was aber aufgrund des Erbgangs hätte auftreten müssen. Man vermutet daher, dass es sich höchstwahrscheinlich um ein letales Gen handelt. In Folge dessen wird das Ei nach der Befruchtung abgestoßen, wenn sowohl das Ei als auch die Samenzelle das Gen für den natural bobtail tragen. Im Umkehrschluss hieraus kann sich also kein Fötus mit dem

doppelten Gen entwickeln, was auch die Frage bezüglich der Abnormalität an der Wirbelsäule abschließend beantwortet. Heutzutage ist es aufgrund von DNA-Tests möglich, Tiere mit kurzer Rute zu züchten.

Fluffy oder Langhaarträger beim Welsh Corgi

Der Begriff Fluffy kommt aus dem englischen Raum und wird mit toll, großartig oder sogar niedlich beschrieben. Was hier allerdings gemeint ist, beschreibt die Definition flauschig und bezieht sich auf die Felllänge und Fellbeschaffenheit des Welsh Corgis.

Der Rassestandard der beiden Welsch Corgi-Rassen legt die Fellbeschaffenheit als kurz bis mittellang fest, sodass der Fluffy von der Zucht ausgeschlossen ist. Ein Gentest ermöglicht die Feststellung der vorliegenden Langhaarmutation. Das verantwortliche Gen für die Haarlänge ist FGF5 und wird autosomal-rezessiv vererbt. Die Anlage für Kurzhaar (L) wird dominant über das Langhaar (l) vererbt. Für die Manifestation müssen also beide Elternteile das verantwortliche Gen tragen, um einen Fluffy bzw. Langhaarträger zu erzeugen. Die Homozygoten sind leicht zu erkennen, obwohl es auch bei ihnen unterschiedliche Haarlängen und Typen gibt. Der Fluffy Pembroke kommt einem Sheltie (fluffig, weich) gleich, wobei der Fluffy Cardigan mehr dem langhaarigem Schäferhund (fest, anliegend) aufgrund seiner Fellbeschaffenheit gleicht. Einige Verpaarungen erfolgen ohne Berücksichtigung eines DNA-Tests, da es explizite Welpenanfragen auf diese Langhaarvarietäten gibt. Somit hat der Fluffy trotz des Zuchtausschlusses viele Anhänger in Familienkreisen gefunden.

Ein Fluffy Cardigan

Ein Fluffy Pembroke

Ein Corgi soll es sein

„Er soll nicht leben wie ein Hund!" Somit nehmen Hunde heute die Rolle eines Freundes, Sozialpartners oder in machen Fällen leider die eines Statussymbols ein. Viele Hunde sind mit dieser Aufgabe völlig überfordert und es hat auch nichts mit artgerechter Haltung zu tun. Mit dem Willen des Welsh Corgis, seinem Menschen gefallen zu wollen, mindert er seine eigentlichen Bedürfnisse immens. Ein zukünftiger Besitzer sollte sich im Vorfeld Gedanken darüber machen, was er von seinem Welsh Corgi erwartet: Anpassungsfähigkeit, jederzeit abrufbereit, robust, lautlos, stubenrein, kinderlieb, verträglich, nicht jagend und selbstreinigend?
Diesen Corgi gibt es nicht! Somit lautet die Frage an Sie: Haben Sie die nötige Zeit, Geduld und Liebe, einen Welsh Corgi zu einem angenehmen Begleiter und Familienmitglied zu erziehen? Sind Sie bereit, sich das nötige Fachwissen anzueignen, und Ihre Bedürfnisse hintenanzustellen?

Charakter mit Köpfchen!

Der Charakter des Welsh Corgis

Neben dem Anspruch an den körperlichen Standard sollte auf ein weiteres wichtiges Merkmal Wert gelegt werden, nämlich auf den Charakter. Umso genauer spezifische Wesensmerkmale unterschieden werden und je strenger die Selektion darauf erfolgt, desto schneller lassen sich gewünschte Eigenschaften festigen. Wenn man die Psyche eines Hundes verstehen will, muss man seine Kommunikationsmöglichkeiten verstehen und berücksichtigen.
Hunde sind hochintelligente Säugetiere, die neben dem rassetypischen Instinktverhalten auch ein entsprechendes Lernverhalten haben, um sich ihrer Umwelt schneller anpassen zu können. Bei individuellen Charakteren innerhalb der Rasse hat der Züchter die Verantwortung, durch gezielte Verpaarungen darauf Einfluss zu nehmen. Es gibt aber auch zahlreiche Reaktionen und Verhaltenseigenschaften, die auf den Erfahrungen des Hundes beruhen.

Manche Corgis sind sehr robust und unempfindlich gegen sämtliche Einflüsse, andere Vertreter sind dagegen weich und empfindsam. Somit benötigt der eine intensivere Erziehung und der andere viel mehr Bestärkung und Lob. Es gibt hier leider kein Patentrezept. Das Temperament und die Grund-

Ein Blick sagt mehr als tausend Worte!

haltung bei einem Corgi sind selbstsicher und abgeklärt. Auch wenn ein Corgi Dominanzgehabe Artgenossen gegenüber zeigt, verhält er sich dem Menschen gegenüber problemlos und die normale Reizschwelle liegt im oberen Bereich.
Jede Aktivität, die Ihm geboten wird, ist für ihn besser als Nichtstun, somit ist seine Bereitschaft hoch einzustufen. Der Blick, für eine gemeisterte Aufgabe das ersehnte Lob zu erhalten, sind ihm jederzeit von den Augen abzulesen, genauso wie die Enttäuschung, wenn etwas nicht zur Zufriedenheit lief.
Die Unterordnungsbereitschaft eines Corgis beginnt bereits im Welpenalter spielerisch und später sollte klar sein, dass ein Kommando ein Kommando ist und bleibt. Nur ein konsequenter Corgi-Besitzer wird im Lauf der Entwicklung seines Hundes wenig infrage gestellt. Bei Inkonsequenz wird der Corgi aber schnell zum „Alphatier" und seine Bereitschaft zur Unterordnung sinkt. Je mehr Aktivitäten, Bestätigungen und vor allem Kontakt der Welsh Corgi zu seiner Bezugsperson hat, desto besser geht es ihm.
Es gibt nicht Schlimmeres für den Corgi, als nicht gebraucht oder nicht beachtet zu werden. Positive Motivation ist Balsam für die Seele des kleinen Wachhundes. Aufgrund der Intelligenz des Corgis muss man ihn dazu bringen, es selbst zu wollen, ein Kommando umzusetzen, dann ist der Erfolg unbezahlbar. Mit Zwang in jeglicher Form erreicht man gar nichts, hier sind Geschick und Motivation des Besitzers gefordert.

Völlig normal, bis man sie näher kennenlernt!

Im Umgang mit Artgenossen

Corgis sind sehr gesellig und grundsätzlich verträglich mit Artgenossen. Aber auch hier gibt es immer wieder Individualisten und Ausnahmen. Die richtige Prägung fängt bereits beim Züchter an. Corgi-Welpen sind ab einem gewissen Alter sehr rauflustig. Sollten sie dies übertreiben, muss das Verhalten vom Züchter in die richtigen Bahnen gelenkt werden. Natürlich sind diese Raufspiele unter den Wurfgeschwistern wichtig, allerdings nur bis zu einem gewissen Maß. Steigert sich jedoch die Aggression, sollte eingegriffen werden. Anfänglich übernimmt die Mutterhündin diese Erziehungsfunktionen, aber es gibt auch Hündinnen, die sich alles gefallen lassen und somit ist hier der Züchter gefragt. Hat Ihr Corgi sein Welpennest verlassen und sich eingelebt, ist grundsätzlich eine Spielgruppe (Voraussetzung: richtige Konstitution) für Welpen ratsam. Hier lernt ein Welpe, mit anderen Rassen und Artgenossen zu kommunizieren. Zwar spielt in dieser Phase Aggression noch keine große Rolle, aber es ist eine gute Grundlage für die Sozialisierung.
In der Pubertät des Corgis wird alles erneut infrage gestellt und sämtliche Grenzen ausgetestet. Je größer hier die Grundlage der Erziehung ist, desto einfacher ist es, eine ungewollte Situation zu entschärfen. Mitunter kann es zwischen gleich Gleichgeschlechtlichen zu unberechenbarem Verhalten kommen, sodass aus dem gestrigen Maulfechten heute eine dominierende Rauferei wird, die aufgrund der kurzen Zündschnur während der Pubertät zu einer ernsthaften Beißerei werden kann.
Corgis sind grundsätzlich Rudel liebend, geht es aber um den Aufstieg in der Rangordnung, kann so ein Kampf ohne Ihr Einschreiten böse enden. Achten Sie immer im Vorfeld darauf, dass sich das Ganze nicht hochschaukelt und aus Spaß kein Ernst wird. Brechen Sie dann lieber alles ab und lassen Sie die Hunde erst wieder zusammen, wenn Sie sich beruhigt haben.
Von der Anschaffung mehrerer gleichaltriger Corgis innerhalb kürzester Zeit ist daher dringend abzuraten.

Bei gut sozialisierten Corgis finden in der Regel nur spielerische Kämpfe statt.

Die meisten Corgis sind sehr gesellig und verträglich mit Artgenossen.

Corgis und Kinder

Verhaltensanomalien treten beim Welsh Corgi nur sehr selten auf und sind meist auf seinen Halter zurückzuführen. Sollten noch keine Kinder im Haus leben, ist die Anschaffung eines Corgis im Vorfeld anzuraten. Es gibt viele verschiedene Meinungen zu dieser Reihenfolge, die der Eifersucht des Hundes geschuldet sein soll, aber es ist eher eine Vermenschlichung des Hundes und sehr unrealistisch. Der Grundgedanke (erst Hund, dann Kind) ist ganz einfach. Ihr Welpe lernt einen gewissen Grundgehorsam, den Umgang mit Menschen und wird so auf das folgende Ereignis sensibilisiert.
Sind Kleinkinder schon vorhanden, ist eine Kombination mit einem Corgi-Welpen nicht ratsam. Kleinkinder sind noch sehr unkontrolliert in der Bewegung und es fehlt ihnen an Verständnis im Umgang mit einem Welpen.

Mit dem Corgi durch dick und dünn!

Und auch Corgi-Welpen sind sehr ungestüm und setzen Ihre Knusperzähnchen oft unkontrolliert ein.
Wenn bereits ältere Kinder im Haushalt leben, können die Eltern am besten einschätzen, ob schon das nötige Feingefühl für einen Welpen vorhanden ist.

Beim Besuch des Züchters, um den Welpen kennenzulernen, sollten die Kinder schon mit dabei sein. Der Züchter kann sich somit ein Bild machen und eventuell noch hilfreiche Tipps geben. Grundvoraussetzung für eine harmonische Kind-Hund-Beziehung ist ein respektvoller Umgang beider Parteien miteinander.

Hat man seinen Corgi gut sozialisiert, ist er sehr gehorsam und eine absolute Bereicherung für jede Familie, denn der Welsh Corgi ist ein Hund, der ständigen Kontakt zu seinem Besitzer sucht und braucht.

Zusammenleben mit einem Corgi

Das Wertvollste, was man einem Corgi schenken kann, um einen lebenslangen guten Freund und Gefährten zu erhalten, ist Zeit. Ein Corgi ist gern in Gesellschaft und mag es nicht allein zu sein, aber auch hier gibt es natürlich Ausnahmen. Der liebevolle, konsequente Umgang und die Führerqualitäten seines Menschen helfen ihm hierbei und sorgen für ein glückliches Vierbeinerleben. Corgis sind sehr schlau und können die Mimik ihres Besitzers schnell lesen und auch in ihrem Verhalten strategisch vorgehen. Allerdings sollten Sie vorsichtig sein und Ihren Corgi nicht vermenschlichen. Eine Kooperationsbereitschaft Ihres Corgis legt den Grundbaustein für eine besondere Beziehung. Ein Corgi fühlt sich in einer klaren Hierarchie wohl, auch wenn der Mensch diese oft befremdlich findet. Der Corgi ist ein Hund, der Strukturen sucht und braucht. Solch eine solide Basis und klare Körpersprache gibt dem Vierbeiner halt. Wenn ein Corgi das Leben bereichert, dann sollten Dreck und Haare im Umfeld nebensächlich werden und nur die bedingungslose Versorgung der Corgi-Seele im Vordergrund stehen. Nur dann erhalten sie einen treuen Begleiter auf Lebenszeit!

„Es muss von Herzen kommen, um ins Herz zu gelangen!" *(J.W. Goethe)*

Cardigan oder Pembroke

Die Vertreter beider Rassen sind gleichermaßen liebenswert, wobei man dem Cardigan nachsagt, etwas entspannter und bedachter zu sein. Der Cardigan gilt als aktiv, ausgeglichen und wachsam, ohne jegliche Scheu oder Aggressivität. Diese Wesensmerkmale vereint auch die mitunter etwas bellfreudigere Frohnatur des Pembroke in sich.

Beide Rassen sind sehr menschenbezogen und lieben ihre Familie. Die typische Cardigan-Grundeinstellung ist: „Was kann ich für dich tun?", während sich der Pembroke eher denkt: „Was wollen wir tun?" Ausgehend von diesen Charaktereigenschaften eignet sich der Cardigan perfekt als Begleitung ins Seniorenheim und der überschwängliche Pembroke eher für den Besuch in der Schule. Diese aufgeschlossene, intelligente und doch wachsame Art der beiden Rassen macht sie so faszinierend. Teilweise wirken sie sogar menschlich, wenn sie einen erst total überschwänglich begrüßen und man dann im nächsten Moment völlig ignoriert wird, bis endlich ein Leckerchen aus der Tasche fällt.

Soll es ein temperamentvoller Pembroke sein ...

... oder lieber ein ruhigerer Cardigan?

Die Wahl der Rasse bleibt ebenfalls eine augenscheinliche Frage des Geschmacks. Der Cardigan hat in seiner Farbwahl mehr Facetten als der Pembroke, der vom Phänotyp eher einem Fuchs in verschieden Farben gleicht. Unabhängig davon, für welche Rasse Sie sich entscheiden sollten, darf nicht unerwähnt bleiben, dass der kleine Welsh Corgi mit seinem Kämpferherz nur für Menschen geeignet ist, die eine gute Sozialisierung ihres Hundes gewährleisten und ihm eine liebevolle und konsequente Erziehung zukommen lassen können.

Überlegungen vor der Anschaffung

Wer jemals einen gut erzogenen und sozialisierten Welsh Corgi erleben durfte, der mit seinem typisch breiten Lächeln zu jedem freundlich und besonnen ist, hat sich meist gleich verliebt. Alle Welpen sind niedlich, aber nichts übertrifft den jungen Welsh Corgi. Dabei sollte man allerdings nicht vergessen, dass die Welpenphase nur einen kurzen Abschnitt im Leben eines Hundes umfasst. Die meiste Zeit seines Lebens ist es ein Hund mit vielen Bedürfnissen. Diese Bedürfnisse können einen Neuling in der Hundehaltung schnell überfordern. Niemand sollte vergessen, dass das Leben eines jeden Hundes in der Hand seines Besitzers liegt.

Daher ist es von großer Notwendigkeit, dass man sich dieser Verantwortung vor der Anschaffung bereits bewusst wird. Somit sollte die Anschaffung Ihres Hundes gut durchdacht und geplant sein. Leider sind sich nicht alle Menschen dieser Verantwortung bewusst, sodass der „spontan" angeschaffte Hund oftmals als „second-hand-dog" endet. Stellen Sie sich daher die ernsthafte Frage, ob Sie die nötige Zeit, Konsequenz und Geduld für einen Welsh Corgi haben.

Die Haltung eines Corgis in einer Wohnung stellt sich grundsätzlich problemlos dar, allerdings ist eine Absprache mit dem Vermieter vor Einzug eines Corgis in jedem Fall anzuraten. Lassen Sie sich die Haltungserlaubnis von Ihrem Vermieter, wenn möglich schriftlich, bestätigen.

Machen Sie ebenfalls eine Kostenaufstellung, denn schließlich ist der Corgi ein Kostenfaktor, der eine Haftpflichtversicherung benötigt, eventuell eine Krankenversicherung und immer gutes Futter. Ebenso sollten Impfungen, Entwurmungen oder eine plötzliche auftretende, schwere Erkrankung Ihres Vier-

Corgis sind nicht stur, sie wissen nur was sie wollen.

Info
Der Welpenpreis für einen Welsh Corgi liegt durchschnittlich zwischen 1800,- und 2500,- Euro. Preiswerte Alternativen von kommerziellen Vermehrern sind keine Option. Was Sie am Anfang versuchen einzusparen, zahlen Sie zum Leidwesen des Hundes um ein Vielfaches an Tierarzt- und Folgekosten drauf. Jeder Interessent sollte wissen, dass Zuchthunde aus seriösen und kontrollierten Zuchten viele Auflagen erfüllen müssen und somit auch ein anderer Welpenpreis zustande kommt. Mit dem Kaufpreis für Ihren Hund ist es natürlich nicht getan. Die Erstausstattung, eine Haftpflichtversicherung, Hundesteuer, Futter- und Tierarztkosten sollten unbedingt mit einkalkuliert werden. Möchten Sie eine Welpenspielstunde oder Hundeschule besuchen? Ja, auch dies kostet Geld. Es ist wirklich wichtig, dass sich zukünftige Hundebesitzer über diese Kosten im Vorfeld bewusst werden und gut überlegen, ob Sie diese Ausgaben finanziell tragen können. Denn Ihr Corgi sollte niemals leiden, nur weil Sie den Tierarzt nicht bezahlen können oder auf minderwertiges Futter zurückgreifen müssen.

Hier eine Übersicht; alle aufgeführten Preise sind ungefähre Werte.
Welpen-Erstausstattung: 500,- Euro
(diese sollte natürlich dem Alter entsprechend erneuert werden)
Monatliche Kosten:
durchschnittliche Futterkosten: 50,- Euro
Welpenspielstunde/Hundeschule: 60,- Euro
Spiel- und Knabberzeug: 20,- Euro
Jährliche Kosten:
Impfung: 70,- Euro
Parasitenprophylaxe: 10,- Euro
Blutentnahme und Untersuchung: 80,- Euro
Hundesteuer (je nach Gemeinde): 100,- bis 240,- Euro
Haftpflichtversicherung (je nach Anbieter): 60,- Euro
OP- und/oder Krankenversicherung (je nach Anbieter): 350,00 Euro
Kosten pro Jahr: 2.370,00 Euro
Gesamtkosten bei einer Lebensdauer von 15 Jahren (ohne Kaufpreis und Ausstattung): 35.550,00 Euro

beiners und die verbundenen Tierarztkosten mit einkalkuliert werden
Sind Sie zu einem positiven Ergebnis gekommen? Dann können Sie sich auf die Suche nach Ihrem Traumwelpen machen. Bis heute ist der Welsh Corgi ein Rassehund, dem das massenhafte Vermehren und Verkaufen von Welpen erspart geblieben ist. Es bleibt zu hoffen, dass dies durch verantwortungsvolle Züchter auch so bleiben wird. Der Welsh Corgi ist in Deutschland nicht so häufig anzutreffen und somit nicht in Tierheimen zu finden. Nur ganz selten wechselt ein älterer Corgi seinen Besitzer oder kommt zu seinem Züchter zurück.
Sollten Sie doch einen Hund aus einem Tierheim bevorzugen, braucht es viel Hundeverstand und Einfühlungsvermögen. Die meisten armen Seelen haben eine Vorgeschichte, welche oft im Verborgenen liegt und somit können sich plötzlich auftretende ungewollte Verhaltensweisen zeigen. Nehmen Sie in jedem Fall Abstand von einem Welpen aus einer Massenvermehrung, die im Internet in irgendwelchen Portalen oder gar aus Kofferräumen angeboten werden. Hier wissen Sie nichts Näheres zu deren Aufzucht und Sozialisierung und Sie unterstützen indirekt das illegale Geschäft von Hundevermehrern, welche die Elterntiere auf barbarische Weise halten und ausbeuten. Die Welpen aus solchen Haltungsbedin-

gungen haben in den meisten Fällen nicht genügend Zeit bei ihrer Mutter verbracht, sind schlecht oder gar nicht sozialisiert, nicht geimpft, erkrankt oder unterversorgt. Beim Kauf eines Welpen bei einem seriösen Züchter können Sie diese Dinge komplett ausschließen. Bitte nehmen Sie sich bei der Wahl des Züchters Zeit, denn dies ist ebenso wichtig wie die Wahl Ihres Welpen. Nehmen Sie Kontakt mit mehreren Züchtern auf. Kaufen Sie nicht den erstbesten Welpen. Stellen Sie sich auf eine eventuelle Wartezeit ein und bedenken Sie immer: Es ist die Suche nach einem passendem Familienmitglied für die nächsten 12 bis 15 Jahre. Dieser Schritt sollte somit gut überlegt sein. Achten Sie darauf, dass die Welpen mit vollem Familienanschluss aufwachsen und sich während Ihres Besuches beim Züchter freundlich, interessiert, verspielt und selbstbewusst zeigen.
Die Welpen sollten gesund und gut genährt aussehen, auch die Mutterhündin sollte in guter konditioneller und psychischer Verfassung sein. Achten Sie auf Sauberkeit und Hygiene. Ein guter Züchter prüft Sie auf Mark und Bein, er interessiert sich für Sie, Ihr Umfeld, Ihre Vorhaben. Und nie wird ein guter Züchter versuchen, Ihnen einen Welpen aufschwatzen. Ein guter Züchter sorgt sich um seine Welpen und wenn ihm etwas nicht gefällt, dann schickt er nicht geeignete Interessenten wieder nach Hause – ohne Hund! Das Wohl seiner Tiere steht für ihn an erster Stelle!

Ein gesunder Welpe von einem seriösen Züchter!

Rüde oder Hündin?

Die Wahl, ob eine Hündin oder ein Rüde einziehen soll, ist eine Frage der persönlichen Vorliebe. Die weitverbreitete Behauptung, dass Hündinnen anschmiegsamer, schmusiger und feinfühliger als Rüden sind, ist schlichtweg falsch. Sowohl die Hündinnen als auch die Rüden sind gleichermaßen liebenswert und loyal zu ihrem Besitzer. Man muss einfach die Entscheidung zwischen zweimal im Jahr auftretender Läufigkeit oder der Minnebereitschaft eines Rüden treffen. Ein Rüde ist immer etwas größer und schwerer als eine Hündin, dies kann aber auch im Einzelfall variieren. Es kommt auch auf Ihre Lebensumstände an: Welches Geschlecht haben Ihre Hundenachbarn? Was für einen Anspruch haben Sie an Ihren Welsh Corgi und können auch Sie den Ansprüchen Ihres Corgis gerecht werden? Sollten Sie ab und zu heiße Hündinnen in der Nähe haben, werden Rüden schnell zum Casanova und oftmals liebeskrank, dies kann sich durch Futterverweigerung oder stundenlanges Jaulen zum Kundtun ihres Liebesschmerzes äußern. Ganz hartnäckige Burschen werden zum Ausbrecherkönig.

Bei Hündinnen kommt es mal zu einem leichten, hormonell gesteuerten „Herumzicken" während der Läufigkeit, denn diese ist in manchen Fällen auch, analog der weiblichen Periode, mit Bauchschmerzen verbunden. Während dieser Zeit ist es unvermeidbar, dass die Hündin Blut in der Wohnung verliert, aber im Handel sind dafür spezielle Schutzhöschen erhältlich. Abgesehen von der hormonellen Steuerung sind beide Parteien absolute Goldschätze.

Egal ob Rüde (links) oder Hündin (rechts) – beide sind liebenswerte Familienhunde.

Auswahl Ihres Corgi-Welpen

Wenn der Züchter Ihrer Wahl Sie über das freudige Ereignis, der Geburt des Welpen, in Kenntnis gesetzt hat, machen Sie einen Besuchstermin aus. Die meisten Züchter lassen allerdings erst dann einen Besuch zu, wenn die Welpen aus der vegetativen Phase heraus sind, um sie vor möglichen Krankheitserregern und die Mutterhündin vor Stress zu schützen.

Nun stellt sich die Frage, ob Sie einen treuen Begleiter, einen Hund für bestimmte sportliche Aktivitäten oder einen Welpen für Zucht und Show haben möchten. Über dieses Anliegen sollten Sie sich mit Ihrem Züchter fachkundig auseinandersetzen, denn es ist später auch der Name des Züchters, der mit dem Hund in Verbindung gebracht wird. Ein guter Züchter weiß, welcher Welpe die gesuchten Qualitäten mit sich bringt, um den Anforderungen gerecht zu werden.

Eine alte Faustformel sagt, dass Merkmale, die direkt nach der Geburt, nach sieben Tagen, sieben Wochen und sieben Monaten konstant auftreten, auch auf Dauer erhalten bleiben. Sollten Sie doch die Qual der Wahl haben, dann achten Sie auf bestimmte äußerliche Eckdaten.

Beim äußeren Erscheinungsbild sollte das Pigment stimmen. Der Nasenspiegel muss schwarz und die Augenlider und Lefzenränder sollten dunkel sein. Die Körperproportionen sollten keine Fehler aufweisen, denn ein zu kurzer Hals und zu langer Rücken werden nie eine gute Oberlinie mit sich bringen. Eine steile Schulter oder Hinterhand macht auch die beste Muskulatur nicht wett. Der Welpe muss über einen kompakten, substanzvollen Körperbau verfügen und gute, kräftige Knochen haben, die auf gut gepolsterten und geschlossenen Pfoten stehen. Ein Kopf mit langem Vorgesicht und breit angesetzten und hängenden Ohren werden nie dem Ideal eines Welsh Corgis entsprechen. Schauen Sie sich auch das Welpengebiss an. Ein leichter Rückbiss kann sich noch zu einem korrektem Scherenschluss entwickeln, aber ein Vorbiss wird sich zu 80 % noch verstärken und nie zu einem Scherengebiss führen. Das Fell sollte eine saubere und glänzende Qualität haben und keinesfalls kahle Stellen aufweisen.

Allerdings sollte nicht nur das äußere Erscheinungsbild, sondern auch das Verhalten des kleinen Wesens beachtet werden. Im Spiel erlernen Welpen die Fähigkeiten, die sie später im Kampf, bei der Jagd oder zum Paaren brauchen. Wenn sie dann mal über das Ziel hinausschießen und in einen Kampf verwickelt werden, dann zeigt

Hier fällt die Wahl natürlich schwer.

Die Liebe eines Züchters zu seinen Hunden muss jederzeit spürbar sein!

das nur die enge Verbindung zwischen Spiel und Aggression. Das grundlegende Aggressionsverhalten des Hundes könnte man als Beuteverhalten/Beuteaggression bezeichnen. Territoriale Aggression entsteht, wenn fremde Menschen oder Tiere in das Territorium (Grundstück oder Wohnung) eindringen. Hier wäre das allseits beliebte Beispiel des Postboten anzuführen. Aus dem späteren Spiel mit seinem Menschen entsteht eine feste Bindung, die ein Leben lang andauert. Darum beobachten Sie sein Spielverhalten genau und wie aufmerksam, fröhlich, furchtlos, interessiert und munter der Welpe sich zeigt, und lassen Sie die Bewegung dabei nicht außer Acht. Verdrängen Sie auch den Gedanken, der Hund kommt zu Ihnen in die Arme gelaufen; das ist nicht objektiv. Bei Fremden darf der Welpe auch zunächst zurückhaltend sein, aber seinem Züchter muss er zu 100 % vertrauen. Haben Sie Ihre Wahl getroffen? Dann machen Sie einen weiteren Termin zur Abholung aus und planen Sie Ihren Urlaub, denn mit dem Einzug des Welpen ist es hilfreich, ein paar Wochen Urlaub einzuplanen. Das erleichtert die Erziehung, die Stubenreinheit und fördert die gesunde seelische Entwicklung Ihres Vierbeiners.

Notwendige Vorbereitungen

Bevor Ihr Corgi-Welpe in sein neues Zuhause einziehen kann, gibt es noch einiges zu erledigen. Eine Erstausstattung wie Leine, Halsband, Körbchen, Spielzeug, Transportbox und Futter muss unbedingt besorgt werden. Ebenso müssen alle Gefahrenquellen beseitigt sein. Nase und Zähne eines Welpen erkunden alles und es wird gekostet oder verzehrt, was das Zuhause hergibt: Kabel, Putzmittel, Medikamente, giftige Pflanzen, Kleinteile, Schuhe (bevorzugt das teuerste Paar), Vorhänge, Mülleimer und vieles mehr. Es ist anzuraten, eine vorhandene Treppe mit einem Türschutzgitter zu sichern und den Grundstückszaun auf Lücken zu überprüfen. Alles muss welpengerecht sein, damit Ihr Corgi sich nicht verschlucken, vergiften oder gar verletzen kann.

Abholung

Nachdem der Welpe entwurmt und geimpft wurde und die Wurfabnahme durch den Zuchtwart erfolgt ist, kann der Welpe mit frühestens acht Wochen umziehen. Über das ideale Abgabealter entscheidet jedoch der Züchter. Allerdings sollte der Einzug vor der 12. Woche getätigt sein, denn zu dieser Zeit befindet sich der Welpe in seiner letzten Entwicklungsphase. Diese Sozialisierungsphase wird den Welpen entscheidend prägen.

Es sollte selbstverständlich sein, dass Ihr Züchter Ihnen weiterhin mit Rat und Tat zur Seite steht. Neben dem Kaufvertrag sollten Sie eine Ahnentafel, einen Futterplan und Futter für die Anfangszeit erhalten. Ganz wichtig ist auch der Heimtierausweis mit entsprechendem Nachweis über die Grundimmunisierung. Hier können Sie nachschauen, wann Sie mit Ihrem Welpen wieder beim Tierarzt vorstellig werden müssen. Jeder Züchter ist außerdem verpflichtet, seine Hunde mit einem Transponder, der ungefähr so klein wie ein Reiskorn ist und mit einer Spritze vom Tierarzt in der Regel an der linken Halsseite injiziert wird, zu kennzeichnen. Dieser Transponder bleibt ein Leben lang im Hund und die Nummer kann mit einem entsprechenden Gerät gelesen werden. So ist der Hund weltweit zu identifizieren. Die Chip-Nummer wird auch im Heimtierausweis eingetragen. Solch ein Ausweis muss immer mitgeführt werden, wenn man zum Beispiel mit dem Hund ins Ausland verreist, mit ihm Ausstellungen besucht oder an Sportveranstaltungen teilnimmt.

Es ist durchaus üblich, dass auch eine kleine Decke oder ein Spielzeug, welches der Welpe kennt, ebenfalls zum „Welpenpaket" gehört, um dem Welpen den Abschied zu erleichtern – ganz zu Schweigen von den Instruktionen des Züchters, die es Ihnen und dem Welpen einfacher machen, in ein gemeinsames Leben zu starten. Sprechen Sie ebenfalls die Besorgung der richtigen Leine und Größe des Halsbandes im Vorfeld ab, damit Ihr Welpe ausreichend für die ersten Spaziergänge gesichert ist.

Corgis sind sehr neugierig und immer offen für Neues.

Die Autofahrt sollte gut geplant sein und ist am besten mit zwei Personen und einer Box, in der der Welpe sicher ist, zu bewerkstelligen. Die Box sollte mit saugfesten Unterlagen ausgestattet sein, falls doch mal ein kleines Malheur passiert oder der Welpe sich übergeben muss. Während der Fahrt sollte der Hund bestenfalls von seiner zukünftigen Bezugsperson umsorgt werden. Bitte denken Sie auch immer an frisches Wasser, wenn Sie eine längere Fahrt vor sich haben.

Das neue Zuhause

Was die Haltung in Bezug auf räumliche Bedingungen betrifft, ist der Welsh Corgi wenig anspruchsvoll. Durch seine mäßige Größe kann er bei angemessenem Auslauf und Beschäftigung auch in einer Stadtwohnung gehalten werden. Hier sollte aber häufiges Treppensteigen vor allem im Wachstum vermieden werden, damit es nicht zu einer Überlastung der Sehnen, Knochen und Gelenke kommt. Daher sollte der junge Hund auf alle Fälle auf der Treppe getragen werden.

Eine Haltung des kleinen Wesens außerhalb des Hauses oder in einem Zwinger würde zur psychischen Verkrüppelung dieser intelligenten Rasse führen. Der Hund ist von Natur aus ein Rudeltier, was auch wahrscheinlich der Grund dafür ist, dass er sich so schnell in die menschliche Familie einzuordnen vermag, denn sie ist im übertragenen Sinne einem Rudel gleichzusetzen.

Was gibt es hier doch alles zu erkunden!

Haben Sie bereits Hunde? Unter anderen Hunden zeigen Welpen schnell ein typisches Rudelverhalten wie Spielen, Schlafen, Fressen und bei Gefahr einander Beschützen. Der Welpe erlernt seine Stellung im Rudel zumeist auf spielerische Weise.
Stellen Sie sicher, dass der Welpe einen ruhigen Schlaf- und Rückzugsort hat und weisen Sie ihm diesen zu. Achten Sie auf feste Fütterungszeiten und halten Sie sich eventuell an den Plan vom Züchter. Frisches Wasser muss dauerhaft zur Verfügung stehen.
Passen Sie darauf auf, dass Ihr Welsh Corgi noch nicht von hohen Dingen wie dem Sofa oder über Hürden springt. Welpen sind im Körperbau, was Knochen und Gelenke betrifft, noch sehr „lose" und könnten bleibende Schäden oder Deformierungen davontragen.
Heben Sie Ihren Hund wenn nötig immer richtig hoch, und zwar eine Hand unter den Brustkorb und die andere Hand unters Hinterteil. **Nie** an den Vorderbeinen hochziehen!
Spielen Sie keine Zerrspiele mit Ihrem Welpen, das Gebiss und der Kiefer sind noch im Wachstum.
Für einen Welpen ist es übrigens leichter, sich in die Familie zu integrieren und an andere Haustiere zu gewöhnen, als für einen ausgewachsenen Hund.
Geben Sie dem Welpen gleich einen Namen, damit er lernt, dass er angesprochen wird. Geben Sie ihm genügend Zeit, sein neues Zuhause zu erkunden, seien Sie behutsam und lassen Sie die Familienmitglieder nicht sofort auf ihn zu stürmen, nachdem er angekommen ist.
Wer sich einen Hund, gleich welcher Rasse, anschafft, sollte sich an die Ratschläge des Züchters halten, denn die Zucht macht den Welpen, aber die Aufzucht macht den Hund!

Fütterung

Das Fressen – oder besser die Fresssucht – ist eine Leidenschaft des Welsh Corgis, welche nicht unerwähnt bleiben sollte. Eine unkontrollierte Futtergabe würde zur sicheren Verfettung des Corgis führen. Um dies zu vermeiden, sollten Futterpläne eingehalten werden. Die sonst daraus resultierende Fettleibigkeit kann zu einem großen Problem führen und aufgrund des kleinen Rahmens dieser Hunde kann es eine Vielzahl von Gesundheitsproblemen nach sich ziehen. Auch wenn die ausdrucksstarken Augen des Corgis stetig signalisieren, dass er kurz vor dem Verhungern ist, schenken Sie diesen bitte keinen Glauben und achten Sie darauf, das Gewicht sorgfältig zu überwachen.

Ihr Züchter kann Ihnen die richtige Ernährung und Bewegung empfehlen, um sicherzustellen, dass Ihr Begleiter ein langes und gesundes Leben hat.
Müsste man dem Corgi einen Beruf zuordnen, wäre es der des Hundefuttertesters und in manchen Fällen würde der Corgi sein Herrchen für eine Tüte Futter verkaufen, wenn er könnte.
Die Ernährung Ihres Corgis ist das Grundgerüst für ein langes und vor allem gesundes Hundeleben, sparen Sie hier nicht am falschen Ende.
Welche Menge ein Corgi (Welpe oder erwachsener Hund) bekommen sollte, ist vom Energiebedarf des jeweiligen Hundes abhängig. Wie viel bewegt sich mein Hund? Welches Alter hat er? Achten Sie auf eine optimale Kondition Ihres Corgis.
Er hat Idealgewicht, wenn Sie seine Rippen nicht von außen sehen, sondern sie beim leichten Streicheln ertasten können, ohne starken Druck dabei ausüben zu müssen.
Die empfohlenen Mengenangaben bei Fertigfutter sind nur ungefähre Richtwerte. Sollte der Corgi doch etwas zu dick werden, bitte einfach die Futtermenge reduzieren.
Im Normalfall leert der Corgi seinen Futternapf immer. Bis zu einem Alter von sechs Monaten sollte der Corgi dreimal täglich gefüttert werden. Ab dann kann man auf zwei Mahlzeiten täglich umstellen. Kleinere Mahlzeiten sind leichter verdaulich und auch magenschonender. Aber welches Futter ist das richtige?

Schmeckt nicht, gibt´s nicht!

Geben Sie diesen bettelnden Augen nicht nach, auch wenn es noch so schwer fällt!

Welches Futter?

BARF, Trocken- oder Nassfutter – es gibt hier viele verschiedene Meinungen und sogar Studien darüber. Jeder Hundehalter oder Züchter hat seine eigenen Erfahrungen gesammelt und sollte wissen, worauf es beim Corgi ankommt. Der Energie- und Nährstoffbedarf Ihres Hundes muss immer dem entsprechenden Alter angepasst sein, denn die Gesundheit des Corgis wird maßgeblich durch das Futter beeinflusst.

BARF: Bones And Raw Food (Knochen und rohes Futter) ist wahrscheinlich die natürlichste und gesündeste Ernährungsform von allen Varianten. Hier ist aber dringend anzumerken, dass dies nicht ohne Grundkenntnisse erfolgen kann. Mittlerweile bieten Tierärzte oder Heilpraktiker Seminare und auch Rationszusammenstellungen an, die dringend im Vorfeld für den Laien anzuraten sind. Wenn Sie sich für BARF entscheiden, dann müssen Sie sich zum Wohle Ihres Corgis mit dem Thema ganz intensiv auseinandersetzen.

Trockenfutter: Dies ist die einfachste Variante der Hundefütterung. Mit einem guten Trockenfutter bekommt Ihr Hund alles, was er braucht. Achten Sie darauf, dass Sie ein sogenanntes „Alleinfutter" verwenden. Achten Sie beim Kauf darauf, dass Sie kein „Ergänzungsfutter" (Flocken) kaufen, dem noch etwas anderes beigemischt werden muss. Leider gibt es große Qualitätsunterschiede und das Angebot ist erschlagend und größtenteils auch sehr ernüchternd. Achten Sie auf die Inhaltsstoffe und wählen Sie ein Futter mit einem hohen Fleischanteil und viel Gemüse. Getreide sollte nur wenig oder gar nicht enthalten sein.
Da Trockenfutter einen sehr geringen Feuchtigkeitsanteil (3 bis 12%) hat und viele Hunde dazu neigen, eher zu wenig Wasser zu trinken, ist es ratsam, immer etwas Wasser unter das Futter zu mischen, bevor Sie es Ihrem Corgi geben. Bitte nicht zu lange einweichen lassen, denn der Hund sollte auch noch etwas zum Kauen haben.

Nassfutter: Aufgrund der Zahnreinigung ist es nicht gerade die erste Wahl, da es aber einen hohen Feuchtigkeitsanteil (80 %) hat, kann es bei übergewichtigen Rassevertretern von Vorteil sein. So kann eine größere Menge gefüttert werden als beim Trockenfutter und der Nimmersatt erhält somit ein schnelleres Sättigungsgefühl, obwohl er proportional eher weniger Nahrung (und mehr Wasser) zu sich genommen hat. Auch bei älteren Hunden, die zu wenig trinken, oder bei Hunden, die an einem Nieren- oder Blasenproblem leiden, kann Nassfutter entsprechend auf die Bedürfnisse des Hundes konzipiert werden.

Fragen Sie immer Ihren Züchter, der lässt sie nicht im Regen stehen!

Die Entwicklung eines Corgis

Bestimmte Verhaltenseigenschaften sind nicht nur genetisch vorprogrammiert, sondern hängen auch stark von den Umwelteinflüssen ab. Die kleine Corgi-Seele kann nur intakt sein und funktionieren, wenn in allen Entwicklungsphasen die beste Versorgung und Sozialisierung stattgefunden hat. Somit ist es unerlässlich zu wissen, in welchem Alter der Welpe Fortschritte in seiner Entwicklung macht. Diese Kenntnisse können helfen, das Verhalten zu verstehen, um auf dieses positiv einzuwirken. Hunde werden von der Geburt bis zum Ende des ersten Lebensjahres als Welpen bzw. Junghunde bezeichnet. Ein Neugeborenes hat wenig Ähnlichkeit mit einem ausgewachsenen Hund. In den ersten zwölf Lebenswochen finden die meisten Entwicklungsschritte statt und jeder Hund entwickelt sich individuell. Kleine Hunderassen wie der Welsh Corgi sind augenscheinlich schneller vom Gebäude ausgereift als große Rassen, aber die tatsächliche Entwicklung dauert bis zum vollendeten zweiten Lebensjahr an. Neugeborene, unabhängig von der Rasse, werden in eine völlige Abhängigkeit von ihrer Mutterhündin geboren. Jeder Welpe ist bei der Geburt blind, taub und zahnlos. Sein erster Reiz nach der Geburt ist die Zunge der Mutterhündin, die ihn wäscht und somit seinen Kreislauf anregt. Welpen sind darauf angewiesen, von ihrer Mutter und ihren Wurfgeschwistern Wärme zu bekommen, denn sie können noch nicht selbstständig ihre Körpertemperatur halten und würden außerhalb vom warmen Welpennest schnell an Unterkühlung sterben. Auch eigenständiger Kot- und Urinabsatz ist noch nicht möglich, nur durch das Lecken der Hündin wird dies stimuliert.

Wenn ich erst groß bin…

Die Neugeborenenphase (1. bis 2. Lebenswoche)

Die Neugeborenenphase beginnt mit der Geburt des Welpen. Typisch für die Kleinen ist eine Pendelbewegung des Kopfes, die beim Aufspüren der Zitzen hilft. Unterstützung liefert hierbei der Geruchssinn, auch wenn dieser noch nicht voll entwickelt ist. Aber bereits im Fruchtwasser wird ein Geruch verströmt, den die Welpen bei ihrer Mutter nun wiedererkennen. In der 1. Lebenswoche sind Corgi-Babys noch sehr hilflos und können sich kaum von der Stelle bewegen. In der 2. Woche kann man bereits kleine Unterschiede feststellen. Der Bewegungsradius der Welpen wird ein wenig größer und es finden die ersten Stehversuche statt. Hauptsächlich bestehen die ersten zwei Lebenswochen jedoch aus Schlafen und Trinken. Damit verbunden ist eine stetige Gewichtszunahme, die vom Züchter täglich überprüft und notiert werden sollte.

… dann sind mir keine Grenzen gesetzt!

Als Faustregel gilt, dass ein Welpe sein Gewicht nach einer Woche annähernd verdoppelt, nach zwei Wochen verdreifacht haben sollte. Um die Ausscheidungen der Welpen sollte man sich bis zu diesem Zeitpunkt keine Gedanken machen müssen, darum kümmert sich die Hündin. Allerdings sollte sich der Züchter dessen immer vergewissern.

Die Übergangsphase (3. Lebenswoche)

In der 3. Lebenswoche verändert sich die Entwicklung des Welpen spürbar. Nicht nur die kleinen Augen öffnen sich, auch das Hörvermögen verbessert sich nun deutlich. Das Interesse des kleinen Corgis an seiner Umwelt nimmt immer mehr zu. Er reagiert auf Geräusche und blickt sich immer öfter neugierig um. Da die Beinchen zunehmend besser funktionieren, kann er jetzt die große weite Welt der Wurfkiste erkunden. Die Geschwisterchen benötigt er jetzt kaum noch, um die eigene Körperwärme zu regulieren. Auch das Absetzten von Kot und Urin kann nun langsam selbstständig durchgeführt werden. Aus dem kleinen, unbeholfenen Würmchen wird langsam ein agiler Welpe. Im Zuge der Welpenentwicklung beginnt nun, wenn auch noch etwas unbeholfen, die eigene Fellpflege. Da die ersten Zähnchen hervortreten, kann nun auch ab dem Ende der 3. Woche langsam mit der Zufütterung begonnen werden.

Anfangs sind die Welpen auf die Fürsorge der Mutter angewiesen.

Die ersten Lebenswochen verbringen die Welpen vor allem mit Schlafen und Trinken.

Alle Welpen haben ganz besondere Ernährungsansprüche und benötigen daher ein spezielles Welpenfutter, welches sie mit allen wichtigen Nährstoffen versorgt.

Die Prägungsphase (4. bis 7. Lebenswoche)

Die Welpenentwicklung geht jetzt in eine entscheidende Phase über. Der kleine Corgi ist nun in der Lage, seine Mutter, Wurfgeschwister und Menschen mit allen Sinnen wahrzunehmen. In dieser Zeit sollte er weitestgehend positive Erfahrungen machen. Negative Erlebnisse könnten ihn in seinem späteren Leben vor unüberwindbare Herausforderungen stellen. Für den kleinen Corgi ist alles neu und er prägt sich seine Umwelt und alles, was sich darin befindet, ein. Es werden die ersten verhaltenstypischen Ausdrucksweisen geübt, wie das Lefzenlecken, Schwanzwedeln, Knurren, Spielverhalten. Unterwürfige Gesten werden an der Mutter und den Geschwistern regelmäßig erprobt. Weiterhin sollten Kinder, andere Tiere, Autos, unterschiedliche Bodenbeschaffenheiten, Haushaltsgeräte und vieles mehr kennengelernt werden, um dies als normal zu erachten und positive Verknüpfung zu fördern. Gegenwärtig sind die jungen Hunde noch in der Lage, Erlerntes zu generalisieren, das heißt, wenn der Welpe mehrfach positive Erfahrungen mit Kindern gemacht hat, wird er irgendwann auch vor fremden Kindern keine Angst mehr haben. Mit etwa einem halben Jahr nimmt diese Fähigkeit ab. Alles, was der Hund zuvor nicht kennengelernt hat, kann er dann später nicht mehr als generell harmlos einstufen, sondern muss es in jeder Situation wieder neu für sich bewerten.

Ein Welpe muss täglich viele Eindrücke verarbeiten.

Die Sozialisierungsphase (8. bis 12. Lebenswoche)

Im Prinzip beginnt die Sozialisierungsphase bereits mit der Prägungsphase, doch jetzt werden die vielen neuen Eindrücke zusätzlich gefestigt und verinnerlicht. Das erste Mal Autofahren war aufregend, die nächsten Male heißt es, mit der Situation vertraut zu werden und als „ungefährlich" bzw. normal einzustufen. Das gilt auch für die Fellpflege, das Gebell des Nachbarhundes, das herumhüpfende Kind oder das Halsband. Zwischen der 10. und 16. Lebenswoche haben die meisten Welpen ein neues Zuhause gefunden. Die Welpen sind offen für Neues und sollten intensiv sozialisiert und geprägt werden. Hierbei sollte jedoch jegliche Übertreibung vermieden werden, ansonsten kommt der Hund aufgrund von Reizüberflutung nicht mehr zu Ruhe. Er muss die Zeit haben, eins nach dem anderen verarbeiten zu können! Bei all dem Freizeitstress, dem Welpen häufig ausgesetzt sind, wird eines gern vergessen: Welpe und Familie müssen sich erst kennenlernen, um eine Bindung aufbauen zu können. Die alltäglichen Situationen und Lebensumstände sind hier in der Regel für alle Beteiligten schon Herausforderung genug. Welpengruppen, Cafébesuche und Busfahren kann Ihr Welpe auch noch etwas später kennenlernen. Sorgen Sie zunächst für eine gute Mensch-Hund-Beziehung. Wenn das stimmt, dann kann die Erziehung beginnen.

Die Rangordnungsphase (13. bis 16. Lebenswoche)

Die ersten Wochen laufen für fast alle Hunde beinahe gleich ab, aber dann verschieben sich die Zeitfenster langsam. Früher oder später kommt jeder Welsh Corgi in die Phase, in der die Rangordnung ausgetestet wird. Dann zeigt sich, ob der Hund tendenziell vermehrt dominant oder unterwürfig ist. Spielerisch wurden bereits die Geschwister herausgefordert und kleine „Kämpfe" ausgefochten.

Bei aller Liebe zu unseren Hunden – es sollte klar sein, dass die Stellung des Corgi-Welpen die unterste in der Rangordnung ist. Das gilt gerade auch im Bezug auf Kinder, um hier jegliche Probleme frühzeitig zu vermeiden. Hier sind allerdings die Erziehung und der Respekt für ein harmonisches Miteinander auf allen Seiten gefordert.

Zahn um Zahn!

Die Rudelordnungsphase (5. bis 6. Lebensmonat)

Häufig führt dieser Begriff nach der Rangordnungsphase zur Verwirrung. Dies ist zwar nur ein kurzer Abschnitt in dem Leben eines Hundes, aber in dieser Phase festigt der Hund seinen ihm zugewiesenen Rang. Dies trägt zur Stabilisierung der Mensch-Hund-Beziehung bei. Die Stellung wird ab dem Zeitpunkt bewusst wahrgenommen und ein sicherer Corgi überlässt dem eingestuften Rudelführer willig das Kommando und führt freudig seine Kommandos aus.

Pubertätsphase (ab 6. Lebensmonat bis zum Eintritt der Geschlechtsreife)

Mit dem Beginn der Hormonproduktion und durch die Aktivierung weiterer Hirnareale kommt jeder Junghund in die Pubertät. Diese Phase endet mit dem Beginn der Zeugungsfähigkeit. Während dieser Zeit scheint es fast so, als hätte der Corgi noch nie in seinem Leben irgendeine Anweisung gehört. Er hinterfragt jedes Kommando und alltägliche Situationen wieder neu, die er zuvor als selbstverständlich erachtet hat. Er stellt seine Ohren komplett auf Durchzug und häufig verstärkt sich in dieser Zeit auch territoriales Verhalten. Der kleine Welsh Corgi, der gestern noch freudig den Hund vom Nachbarn am Zaun begrüßt hat, möchte diesen heute am liebsten „vernaschen". Auch sexuell motivierte Aggression nimmt nun einen wichtigen Stellenwert im Verhaltensspektrum des Corgis ein. Entscheidend ist jetzt mehr denn je, dem Pubertier klare Richtlinien mitzugeben und das Einhalten der Kommandos konsequent einzufordern. Jedes „Sitz" bedeutet auch Sitzen für den Lausbuben, „Platz" ist dann keine Alternative! In jedem Fall müssen Frauchen oder Herrchen diejenigen sein, die den längeren Atem haben und hinter ihren Regeln stehen. Es erfordert eine liebevolle, aber bestimmte Erziehung, auch wenn es noch so schwer fällt. Emotionale Ausbrüche führen zu nichts, im Gegenteil: Der intelligente Corgi würde dadurch den Respekt verlieren.

Ich komme …

… aber nicht jetzt!

Er orientiert sich stets an dem Rudelmitglied, welches in schwierigen Situationen ruhig bleibt und Konflikte souverän löst. Genauso wichtig wie Konsequenz ist das Verständnis für den aufsässigen Corgi. Er macht nun eine Zeit durch, die ihn selbst mindestens genauso verwirrt wie seinen Besitzer. Sein Hormonhaushalt stellt sich um und das Gehirn wird neu strukturiert. Wie auch ein menschlicher Teenager durchlebt der Junghund nun alle emotionalen Höhen und Tiefen.

Der erwachsene Hund (ab dem 12. Lebensmonat)

Seine Endgröße hat der Welsh Corgi bereits mit 12 Monaten erreicht, was aber nicht heißt, dass die Festigung seines Knochengerüstes abgeschlossen ist. Diese Entwicklungsphase ist gewöhnlich erst mit dem 18. Lebensmonat vollständig beendet. Das Pubertätsgehabe lässt nun langsam nach, der psychische Reifungsprozess jedoch ist erst vollständig

zwischen dem 2. und 3. Lebensjahr vollendet. Der Welsh Corgi ist dabei, selbstständig zu werden, und wäre bereit, eigenen Nachwuchs zu zeugen. Die Persönlichkeitsanlagen des Corgis sollten jetzt so weit gefestigt und ausgeprägt sein, dass Mensch und Hund nun ein eingespieltes Team bilden.

Eine vertrauensvolle Hund-Mensch-Beziehung ist unbezahlbar!

Das Altern des Hundes (etwa ab dem 7. Lebensjahr)

Mit zunehmendem Alter ergraut der Corgi. Die Spieleinheiten und Spaziergänge werden kürzer und der Corgi benötigt längere Erholungszeiten. Früher oder später lassen die Sinnesorgane und eventuell die Kontrolle über die Schließmuskeln nach – jeglicher Kommentar ist hier völlig unangebracht. Der Senior versteht nicht, warum sich seine Welt verlangsamt und er benötigt mehr denn je die Fürsorge und Liebe seines Halters.

Die Angaben der einzelnen Entwicklungsstufen, sind selbstverständlich nur Anhaltspunkte, die sich individuell zu der einen oder anderen Seite verschieben können.

Mit dem Alter kommt auch die Abgeklärtheit.

Erziehung

Die Erziehung des Corgis fängt bereits beim verantwortungsvollen Züchter an. Schließlich wird dort schon ein wichtiger Grundbaustein für die weitere Zukunft des kleinen Wesens gelegt. Allerdings erwarten Sie bitte keinen „fertigen Hund". Die Erziehung Ihres Corgis wird ein Corgi-Leben lang Ihre Aufgabe sein.

Qualität vor Quantität
Erste Spaziergänge, neues Entdecken und die Sozialisierung mit Artgenossen sollten altersbedingt dosiert sein. Auch der eventuelle Besuch in einer Hundeschule muss im Vorfeld geplant werden. Prüfen Sie das Angebot aber bitte mit Vorsicht, denn das Geschäft boomt und handeln Sie immer im Interesse Ihres Welsh Corgis. Für einen späteren stressfreien Alltag sollten Sie Ihren Vierbeiner mit vielen Umweltreizen bekannt machen, aber überlasten oder überfordern Sie ihren Welpen nicht. Die richtige Dosierung ist in allen Lebenslagen gefragt.

Erziehung erfordert Geduld, Konsequenz und Einfühlungsvermögen. Hunde denken nicht logisch, sie assoziieren! Dieser Umstand sollte für die Erziehung folgende Konsequenz haben, nämlich dass Strafe nur sinnvoll ist bei unmittelbarem Ertappen auf frischer Tat. Ein lautes, bestimmendes Wort wie „Nein" oder „Aus" sind ausreichend.
Der Welsh Corgi ist durch seine ausgeprägte Intelligenz vorzüglich über Stimme zu führen, somit lernt er schnell, was er nicht darf. Unterbinden Sie Fehlverhalten von Anfang an, das heißt, geben Sie beim Betteln nicht nach, da sich das Verhalten ansonsten manifestiert. Auch muss beim „Futterklau" aufgepasst werden, da es sich um ein selbstbelohnendes Verhalten handelt. Zur Vermeidung sollte sich daher nicht Essbares in Reichweite des Hundes befinden. Der Corgi ist sehr kreativ und versucht Möbelstücke zu erklimmen, um erhöht zu liegen und zu sitzen, schließlich könnte ihm ja etwas entgehen. Wenn dieses Verhalten nicht gewünscht ist,

Dem wachen Auge des Corgis entgeht nichts.

unterbinden Sie es, ebenso wie ein übermäßiges Bellen. Um einem Hund beizubringen, was er darf und was nicht, bedarf es viel Lob und positive Bestärkung, was durchaus auch mal ein kleiner Leckerbissen sein kann. Der Corgi ist so schnell im Lernen wie sein Herrchen oder Frauchen, darum geben Sie nie einen Befehl, den Sie nicht durchsetzen können.
Bedenken Sie immer: „Wer seinen Corgi nicht erzieht, der wird von seinem Corgi erzogen!" Hundeerziehung sollte immer gleich aus dem Geschehen erfolgen und nicht aufgeschoben werden.

Eine Frage des Timings

Überfordern Sie Ihren Corgi-Welpen nie. Lehren Sie ihm die wichtigen Grundkommandos, sobald er auf seinen Namen reagiert. Üben Sie zu Anfang nicht länger als 10 Minuten täglich. Hat Ihr Hund das gewünschte Kommando ausgeführt, ist es ganz wichtig, ihn kräftig zu loben und mit diesem Erfolgserlebnis die Übungseinheit zu beenden. An dem Punkt weiter zu trainieren oder ihn noch stärker zu fordern, wäre kontraproduktiv. Vergessen Sie nie die richtige und zeitnahe Belohnung. Kürzen Sie diese dann später immer weiter ein, sonst wird Ihr Corgi nur noch gegen Bezahlung „arbeiten". Es ist auch davon abzuraten, dass Sie x-mal dasselbe Kommando von Ihrem Hund verlangen, denn dann stellt sich bei Ihrem Corgi schnell Langeweile ein und er resigniert.

Erziehung und Spaß gehen Hand in Hand.

Hat Ihr Corgi die gewünschten grundlegenden Kommandos erlernt, üben Sie im weiteren Schritt auch mit dosierter Ablenkung und setzen Sie dabei Ihr Kommando durch.
Vergessen Sie niemals: Belohnung und gegebenenfalls auch Ermahnungen brauchen das perfekte Timing, damit der Corgi die richtige Verknüpfung bekommt. Oftmals ist der Halter zu langsam oder der Corgi zu schnell, was zu einer Demotivation auf beiden Seiten führen kann. Das Wichtige dabei ist, dass Sie eine positive Bindung zu Ihrem Corgi aufbauen. Dies funktioniert am besten mit viel Lob und Motivation.
Lassen Sie sich nicht entmutigen! Mit Liebe und Konsequenz gelangen Sie früher oder später an jedes Ziel. Jegliche Methoden, die auf Zwang und Unterdrückung basieren, führen zum „Ausbrechen" Ihres Corgis und schädigen die Hund-Mensch-Beziehung.
Mit gesundem Hundeverstand wird sich aus jedem Welsh Corgi-Welpen schon bald ein emotional stabiler, erwachsener Hund entwickeln.

Kleines 1x1 der Stubenreinheit

Man könnte dieses Thema unter der Rubrik „Rassespezifische Besonderheiten" erwähnen, da Corgis wirklich auch „kleine Schweine" sein können. So haben beispielsweise die meisten von ihnen zwar kein Problem damit, sehr schnell stubenrein zu werden, aber es gibt auch außergewöhnliche Exemplare, die sich die Frage stellen: „Warum sollte ich?" Somit kann es hin und wieder vorkommen, dass ein Welpe nicht anzeigt, dass er sich lösen muss und sich stattdessen einfach hinhockt, um sein Geschäft mit einer Dreistigkeit vor Ihren Augen zu verrichten, die nur ein Corgi besitzt. Nichtsdestotrotz ist das Erlernen der Stubenreinheit keine Hexerei.
Man sollte seinen Welpen genau beobachten, um eine zeitliche Abfolge zu lernen, denn schließlich fallen kleine und große Geschäfte nicht einfach vom Himmel. Hier ist ein kleines 1x1 der Stubenreinheit, das Ihnen eine Hilfestellung geben soll:

- Bringen Sie Ihren Corgi nach jedem Schlafen, nach jeder Mahlzeit, nach jedem Spielen und auch zwischendurch nach einer Zeitspanne von höchstens zwei Stunden an seinen Löseplatz.
- Sorgen Sie dafür, dass sich Ihr Corgi morgens so früh wie möglich und abends so spät wie möglich entleert. Sie werden sehen, wie schnell sich Erfolge einstellen.
- Sollte Ihr Welpe sich dennoch versehentlich im Haus lösen, geben Sie sich selbst die Schuld und vergessen Sie hirnlose Ratschlägen wie „Drücke das Gesicht des Welpen in seine Hinterlassenschaft!". Dies ist absolut herzlos und kontraproduktiv. Nehmen Sie ihn einfach schnell hoch und bringen ihn zum Verrichten seines Geschäfts nach draußen.
- Haben Sie genügend Geduld, bis Ihr Corgi sein Geschäft erledigt hat, und loben Sie ihn nach Verrichtung tüchtig. Pfützen, die Sie erst später bemerken, entbehren jeglicher Kommentierung, da der Welpe diese schon längst wieder vergessen hat.
- Passieren diese Malheure trotz aller Anstrengungen immer wieder an derselben Stelle, kann es durchaus sein, dass Ihr Corgi fest davon überzeugt ist, dass dieser von ihm auserkorene Platz für sein Geschäft perfekt ist. Stellen Sie in diesem Fall einfach irgendetwas Sperriges an diesen Platz, damit er sich dort nicht mehr lösen kann.

Beherzigen Sie die Ratschläge und Sie werden schnell einen stubenreinen Corgi haben. Ihr Fußboden wird es Ihnen danken!

Regelmäßige „Geschäftsreisen" müssen erfolgen, egal bei welchem Wetter.

Leinenführigkeit

Eine Nylonleine und ein Halsband aus demselben Material sind für den Anfang die beste Lösung, da sie den Zähnchen den meisten Widerstand bieten. Zudem sind sie auch sehr leicht und somit optimal.

Corgi-Welpen, die nicht bereits beim Züchter an ein Halsband gewöhnt wurden, können sehr unterschiedlich darauf reagieren. Einige kratzen sich, andere wälzen sich und manchen interessiert es nicht. Trotz der gelassenen Art des Corgis sollten Sie den Welpen vor dem Leinentraining erst einmal einfühlsam an sein Halsband gewöhnen. Sie können es ihm ab und zu im Haus anlegen. Sollte er Schwierigkeiten haben, sich damit zu arrangieren, lenken Sie ihn ab. Klappt dies dann ohne Probleme, machen Sie die ersten Gehversuche an der Leine und lassen Sie sich nicht von seinem Gezerre beeindrucken. Sobald er ohne zu quengeln an der Leine läuft, motivieren und bestätigen Sie Ihn. Schon nach kurzer Zeit wird er merken, dass An-der-Leine-Gehen nichts Schlimmes ist, weil ihm viele neue und interessante Eindrücke vermittelt werden, wenn sie zusammen unterwegs sind.

Wichtig!
Pro Lebensmonat sollte man nicht länger als 5 Minuten am Stück spazieren gehen. Das bedeutet für einen sechs Monate alten Welpen nicht länger als 30 Minuten. Es ist äußerst wichtig, den jungen Corgi nicht zu überfordern, denn dies kann zu Überlastungen und chronischen Erkrankungen des Bewegungsapparats führen.

Erste Spaziergänge müssen wohldosiert sein, denn alles Neue ist aufregend.

Freilauf

Sind Sie bereits ein eingespieltes Team? Dann können Sie versuchen einen Schritt weiter zu gehen und Ihren Corgi von der Leine lassen.
Corgis sind unglaublich intelligent und lieben einen großen Aktionsradius, trotzdem sollten Sie Ihren Corgi nur an ungefährlichen Orten und ganz kontrolliert von der Leine lassen. Bitte achten Sie darauf, dass die Distanz während dieser Zeit zwischen Ihnen und Ihrem Hund nie zu groß wird, damit Sie jederzeit Einfluss nehmen können. Nutzen Sie diese Zeit intensiv und üben Sie mit Ihrem Corgi den Abruf.
Zur Unterstützung kann hier eine Schleppleine hilfreich sein. Bei der Arbeit mit einer Schleppleine ist es ganz wichtig, dass diese an einem Geschirr befestigt wird und nicht am Halsband. Nur so können Sie verhindern, dass Ihr Corgi sich verheddert oder in die gestreckte Leine rennt und sich somit verletzen könnte. Damit der Abruf klappt, müssen Sie sich sehr interessant machen. Seien Sie kreativ und variieren Sie dabei möglichst oft.
Kommt Ihr Hund zu Ihnen, muss er überschwänglich und ausgiebig gelobt werden. Sollte er aber keine Reaktion auf Ihr Kommando zeigen, ändern Sie Ihre Laufrichtung und halten die Leine einfach fest, ohne daran zu zerren. Ihr Corgi lernt dadurch, dass er auf Sie achten muss. Ein Tipp noch: Lassen Sie Ihren Welpen niemals unkontrolliert zu anderen Hunden, auch nicht an der Leine. Das Wort „Welpenschutz" ist ein Märchen und funktioniert, wenn überhaupt, nur im eigenen Rudel.

Bei ausreichendem Training wird die Leine zu einem unsichtbaren Band.

Alleinbleiben

La le lu, nur der Besitzer schaut zu!

Corgi-Welpen sind wie kleine Schatten und stets bemüht, ihrem Besitzer überallhin zu folgen – schließlich gibt es Sie ab heute nur noch im Doppelpack. Da es aber nicht immer möglich ist, seinen Hund überallhin mitzunehmen, müssen Sie Ihren kleinen Corgi daran gewöhnen, auch ab und zu allein zu bleiben. Er muss lernen, dass Sie zwar gehen, aber dass Sie auf jeden Fall wieder zu ihm zurückkommen. Dies bedarf allerdings etwas Training und Übung.

Beginnen Sie in kleinen Schritten. Verlassen Sie das Haus zunächst nur ein paar Minuten ohne großes Aufsehen.

Am besten Sie beginnen nach einem Spaziergang mit Ihrem Welpen damit, wenn er sein „Geschäft" verrichtet hat, satt und müde ist.

Vor der Tür zu warten und einzutreten, falls Ihr Welpe sich nicht ruhig verhält, ist keine Option und absolut kontraproduktiv. Das Einzige, was Ihr Corgi daraus lernt ist, dass Sie für schlechtes Verhalten (Bellen, Jaulen usw.) zurückkehren. Nach Ihrer Rückkehr sollten Sie Ihren Welpen (ohne große Aufregung und Begrüßungsszenarien) nach draußen lassen. Insbesondere Welpen müssen sich meist nach jeder Ruhephase lösen. Nach und nach können Sie nun die Zeit, die Sie außerhalb des Hauses verbringen, verlängern. Auch eine Kauwurzel oder ein anders für Welpen geeignetes Beschäftigungsmaterial kann die Zeit Ihres Lieblings verkürzen. Somit liegt es in Ihrer Hand, den Welpen richtig auf das Alleinbleiben vorzubereiten. Ein Corgi sollte aber nie zu lange allein sein. Bitte überlegen Sie sich vor der Anschaffung, welche Alternativen es für die Betreuung gibt, falls Sie wirklich mal keine Zeit haben.

„Faulheit ist die Tugend der Wesen, die mit ihrem Leben im Reinen sind."

Heelen oder Spielen

Die Welsh Corgis gehören zu den Hüte- und Treibhunden und mussten dementsprechend schon immer selbstbewusst und intelligent genug sein, um der Viehherde ihren Willen aufzuzwingen. Dabei durften sie keinerlei Aggression gegenüber den Tieren zeigen und mussten zu jeder Zeit durch ihren Menschen kontrollierbar und abrufbar bleiben.
Seine heutige Funktion als Show-, Zucht- oder Familienhund hat mit seiner ursprünglichen Aufgabe aus früheren Zeiten nichts mehr gemein. Bei einigen Vertretern dieser Rassen ist der Hütetrieb ihrer Vorfahren aber noch immer vorhanden, was dazu führt, dass ein Zwicken und Jagen von Füßen dem Welsh Corgi große Freude bereitet. Mit dem typischen Fersenbiss, dem sogenannten „Heelen", verschaffte sich der kleine Hütehund Respekt vor dem Vieh. Durch seine damaligen Aufgaben ist dieses Verhalten bis heute oft noch tief verankert. Obwohl bereits züchterisch darauf Einfluss genommen wurde, bleibt der Welsh Corgi im Grunde seines Herzens ein leidenschaftlicher „Heeler".

Ich kam, sah und siegte!

Spielen ist Balsam für die Seele!

Dieser Eigenschaft oder besser Leidenschaft kann man aber einfach und mit gezielter Erziehung entgegenwirken. Entgegen der verbreiteten Meinung haben Welpen keine natürliche Beißhemmung. Das Beißen ist ein ganz natürliches und wichtiges Spielverhalten, bei dem der Welpe lernt, wie er seine Zähne einsetzen darf. Sie müssen aus diesem Grund Ihrem Corgi-Welpen von Anfang an signalisieren, dass „Zwicken" ein unerwünschtes Verhalten ist.
Auch wenn Sie nur den Hauch eines Bisses verspüren, geben Sie unverzüglich Ihr Kommando. Lässt der Welpe ab oder los,

müssen Sie ihn sofort kräftig loben. Hier wird wieder an Ihr Timing appelliert. Je wilder ein Welpe ist, umso schwieriger wird es für Sie. In diesem Fall darf die Verneinung auch mal etwas energischer ausfallen. Ziehen Sie das Objekt der Begierde niemals weg, dies animiert Ihren Corgi erneut und er wird das unerwünschte Verhalten abermals zeigen. Wird Ihr Welpe beim Spiel zu grob, brechen Sie es sofort ab und ignorieren Sie ihn, bis sich er sich beruhigt hat, um dann das Spiel erneut zu starten.

Natürlich ist die Corgi-Welt voll mit Individualisten, die täglich alle Grenzen aufs Neue testen und sich kaum beeindrucken lassen. In so einem Fall müssen Sie Ihrem Welpen mit aller Deutlichkeit klarmachen, dass Sie solch ein Verhalten nicht tolerieren. Hier gibt es viele verschiedene Varianten, die bekannteste ist die der Mutterhündin in der „pflegenden Dominanz". Ansonsten ist der Welsh Corgi ein gut gelaunter Hund, der mit viel Charme das Herz seines Besitzers im Sturm erobert und dessen Schwächen schamlos auszunutzen weiß.

Welpenspielstunden und Hundeschulen

Bei der heutigen Flut an Angeboten, sieht man schnell den Wald vor lauter Bäumen nicht, um zu erkennen, welche Hundeschule die richtige für das jeweilige Bedürfnis ist. Grundsätzlich ist davon abzuraten, eine Hundeschule zu besuchen, die nur streng nach einer Ausbildungs-/Erziehungsmethode unterrichtet. Schließlich ist nicht jede Methode auf alle Rassen zugeschnitten und auch nicht für jeden Hundehalter geeignet. Außerdem sind Ausbildungsmethoden, die auf Einschüchterung, Zwang und Schmerz basieren ein absolutes „No Go"! Möchten Sie eine Welpenspielstunde besuchen, achten Sie darauf, dass hier nach Alter, Größe und Gewicht der Hunde gruppiert wird.

Fuchs muss man sein und nicht nur einen buschigen Schwanz haben!

Welpenspielstunden in großen Gruppen und mit allen Gewichtsklassen, frei nach dem Motto: „Auf die Plätze, fertig, los!", sind nur Geldverschwendung und mehr als grenzwertig. Für die richtige Erziehung und Ausbildung braucht es viel Geduld, Liebe und Konsequenz. Haben Sie die perfekte Hundeschule für sich gefunden, sollten Sie schon nach einigen Trainingseinheiten einen Fortschritt wahrnehmen – vorausgesetzt Sie üben das Erlernte auch weiterhin. Aber Achtung, schützen Sie Ihren Corgi vor Über- und Unterforderung. Es gibt nichts Schlimmeres als ständige Wiederholungen für einen so intelligenten Hund und es ist wichtig, dass Sie ausreichend Pausen und Abwechslung in Ihren Trainingsplan einbauen. Ihr Corgi wird mit dem passenden Training recht schnell den Bogen raus haben und Sie können gemeinsam nach neuen Zielen streben.

Sport frei

Neben einer korrekten Fütterung ist auch die tägliche Bewegung des Corgis nicht zu vernachlässigen, denn trotz seiner Stummelbeine ist der Welsh Corgi ein sportlicher Hund, für den der regelmäßige Auslauf unerlässlich ist. Hierbei sollte jedoch beachtet werden, dass der Welsh Corgi bis zur Vollendung des 2. Lebensjahres, also bis zum Abschluss seiner vollen körperlichen Ausreifung, nicht überfordert werden sollte. Hat er jedoch seine körperliche Reife erreicht, sind den gemeinsamen Beschäftigungen kaum Grenzen gesetzt.

Eine pauschale Verallgemeinerung, für welche Sportart sich der Corgi eignet, gibt es nicht, denn es ist wie so oft eine Frage des Grundgehorsams und abhängig davon, wie motiviert Ihr Corgi ist. Corgis sind sehr ehrgeizig. Somit fällt ihnen das Erlernen von Kunststückchen, Clickertraining und Apportieren nicht schwer. Ihre zu Menschen freundliche Art machen sie zu perfekten Therapiehunden. Corgis sind aber auch ideale Wanderkameraden.

Natürlich ist der Corgi nicht die Sportskanone unter den Hunderassen, aber ein angemessener Agility-Parcours sowie der Einsatz als Reitbegleithund auf kürzeren

Klick, Klick – und er kann den Trick!

Für Hundesportarten wie Agility ist der Corgi durchaus geeignet.

Strecken, sind für den kleinen, kräftigen und wendigen Körper kein Problem. Radfahren ist nicht das „non plus ultra" für einen Corgi, schon gar nicht an der Leine. Auf Dauer wäre es sehr quälend für Ihn. Allerdings müssen Sie nicht aufs Fahrradfahren verzichten. Kaufen Sie sich einen Anhänger oder einen Fahrradkorb. Ihr Hund wird es lieben, Sie überall hin begleiten zu dürfen, denn ein Corgi liebt es über alle Maßen, dabei sein zu dürfen und seinen Menschen zu begleiten. Erfüllen Sie ihm diesen Wunsch, aber nur entsprechend seiner körperlichen Konstitution.

Natürlich kann ein Corgi auch apportieren …

… oder am Pferd laufen .

Schlechte Angewohnheiten

Zerstören

Man könnte es auch in dem Abschnitt Sport erwähnen. Wenn ein Corgi etwas zerstören kann, dann tut er es auch. Corgis lieben es, Gegenstände in ihre Einzelteile zu zerlegen. Deshalb muss er gleich in der Anfangszeit lernen, was er kaputt machen darf und was nicht. Ebenso wichtig ist es ihm beizubringen, dass er absolut nichts von einem Tisch holen darf. Überall, woran er kauen und zerren darf (natürlich artgerecht), liegt auf dem Fußboden. Möbel, Pflanzen oder Dinge, die erhöht liegen, wie zum Beispiel die Fernbedienung auf dem Wohnzimmertisch, sind absolut tabu.
Hält Ihr Welpe auch nur ansatzweise die kleinen Knusperzähnchen an diese Dinge, geben Sie Ihm ein deutliches Kommando des Verbots. Sollte dies nicht ausreichen, heben Sie Ihren Welpen dort weg und stellen ihn sanft wieder ab, bis er verstanden hat, dass dieses Verhalten nicht erwünscht ist. Hat Ihr Corgi einmal gelernt, nur Sachen vom Boden zu nehmen, ist es nun an Ihnen, nichts herumliegen zu lassen. Denn Ihr Hund wird nicht unterscheiden können, dass er eine alte Klopapierrolle zerstören darf, aber Ihre herumliegenden Schuhe nicht.

Bellverhalten

Unter den Corgis gibt es sehr bellfreudige Exemplare, dessen muss sich der zukünftige Besitzer auf jeden Fall bewusst sein. Dies kann mehrere Ursachen haben. Zum einen ist der Corgi sehr wachsam und wird jedes Geräusch, dass er außerhalb seines Reviers hört, vermelden. Aber auch Langeweile kann schnell dazu führen. Manche kommentieren alles, um Aufmerksamkeit zu bekommen, und wiederum andere bellen aus Angst vor dem Alleinsein oder aus Unsicherheit.
Man kann das Bellen auch unbewusst anerziehen. Hier sind wir wieder beim richtigen Timing Um das Fehlverhalten abzustellen, ist in erster Linie intensive und auslastende Beschäftigung wichtig. Geben Sie ihm eine Aufgabe und loben Sie ihn bei „Bellpausen" überschwänglich. Sie können während des Bellens auch „Platz" als Kommando geben (eine liegende Position – vorausgesetzt er beherrscht dieses Grundkommando). Hunde sind im Platz sehr unsicher und wollen dann nicht noch auf sich aufmerksam machen. Macht er dies und lässt vom Bellen ab, muss wieder kräftiges Loben erfolgen! Während Ihrer Abwesenheit kann auch ein großer Kauknochen für Ablenkung sorgen. In sehr hartnäckigen Fällen holen Sie sich fachmännischen Rat ein.

Was nicht fressbar ist, wird weggeschleppt!

Im Wasser ist der Corgi in seinem Element.

Jagdverhalten

Zwar ist der Corgi kein Jäger und wird niemals ein großes Tier erlegen, aber er liebt es hinterher zu flitzen. Wenn Sie also nicht möchten, dass Ihr Corgi sich ungebeten aus dem eigenen Wirkungskreis ohne Abmeldung verabschiedet, dann sollten Sie dieses Verhalten auch von Anfang an unterbinden. Jagen kann genauso wie Futterklau ein selbstbelohnendes Verhalten werden, denn hat Ihr Corgi erst einmal sein erstes Mäuschen gefangen oder den Hasen gejagt, dann kann es passieren, dass der Freigänger die nächste Pirsch nach seinen Vorstellungen gestaltet und Ihren Rückruf völlig ignorieren wird. Natürlich ist dann ein Leben an der Leine nicht die Lösung, aber ein Anti-Jagdtraining erfordert viel Zeit und Geduld.

Im Welpenalter jagt Ihr Corgi natürlich noch nicht, aber er bereitet sich spielerisch darauf vor, indem er nach Fliegen und Bienen schnappt oder vielleicht Schmetterlingen nachrennt. Deshalb unterbinden Sie diese Fangspiele von Anfang an und bieten Sie sofort einen Ersatz als Belohnung an, denn ein Spielzeug oder Dummy kann mindestens genauso interessant sein. Vielleicht bringen Sie Ihm Apportieren bei und steigern es nach und nach. Es gibt so viele Beschäftigungsmöglichkeiten,

Ihren Fantasien sind hier keine Grenzen gesetzt. Wichtig dabei ist, Sie müssen für Ihren Corgi immer interessanter als alle anderen Umweltreize sein. Beachten Sie dabei, dass der Hund das Spiel oder die Aufgabe mit einen Erfolgserlebnis abschließt. Es bestärkt ihn und fördert zusätzlich die Bindung zwischen Ihnen und Ihrem Liebling.
Achtung: Lassen Sie Ihren Corgi niemals zwischen Weidetieren laufen, denn Sie können davon ausgehen, dass er diese treiben würde. Es kann dann für beide Parteien sehr gefährlich werden und ist unbedingt zu vermeiden. Mutterkühe mit ihren Kälbern verstehen keinen Spaß, auch Pferde wissen sich effektiv zu schützen. Zwischen Schafen liegen aufgrund der Wolfsübergriffe oft Hirtenhunde, die ihre Herde beschützen.

Immer schön den Überblick behalten!

Waidmannsheil!

Gesundheitsvorsorge und Pflege

Der Corgi ist grundsätzlich pflegeleicht und anspruchslos, aber ein gewisses Maß an Fell- und Köperpflege benötigt er trotz allem.

Pfoten- und Krallenpflege

Wenn sich die Krallen eines Corgis nicht auf natürlichem Wege ablaufen, muss man durch regelmäßiges Kürzen mit einer Krallenzange oder einem Krallenschleifer ein zu starkes Wachstum verhindern. Üben Sie deshalb schon beim Welpen, dass Sie seine Pfoten ohne Probleme anfassen können. Lange Krallen und daraus resultierende Spreizpfoten sind keinesfalls Schönheitsfehler, denn sie verändern nicht nur die Pfotenstellung, sondern beeinträchtigen auch das Gangwerk. Das Abschleifen macht die Krallen rund und somit können keine Öffnungen oder Eintrittspforten entstehen, allerdings bedarf es hier eines gewissen Trainings, gekonnter Ablenkung und Gewöhnungszeit. Beim Krallenschneiden ist bei dunkel pigmentierten Krallen besonders darauf zu achten, dass Sie Ihren Hund nicht verletzen.

Achten Sie auf die Nervenader, auch „das Leben" genannt, die jede einzelne Kralle versorgt. Dieses Blutgefäß verläuft durch die Mitte jeder Kralle und reicht fasst bis ans Ende. Ein versehentliches Verletzen wird zur Blutung führen und Ihrem Corgi Schmerzen bereiten, da auch Nervenenden in diesem Blutgefäß verlaufen. Gleiches gilt auch für die Daumenkrallen, mit ihnen kann der Hund seinen Knochen bzw. Beute festhalten. Da diese Krallen kaum noch genutzt werden, müssen auch sie regelmäßig kontrolliert und gekürzt werden, damit

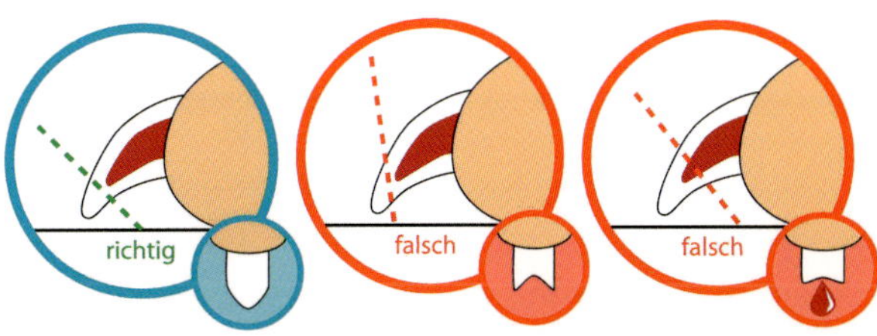

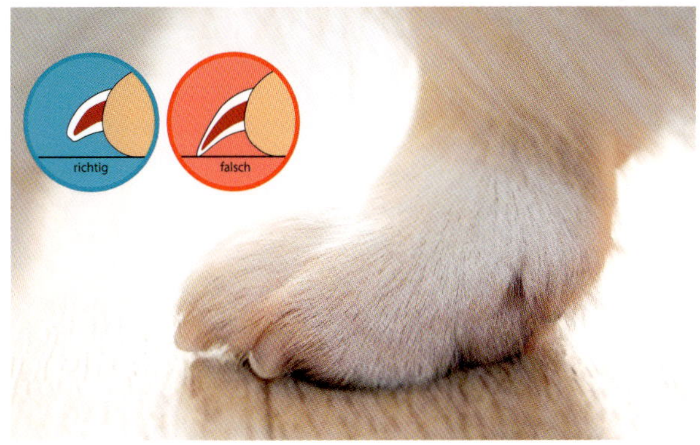

es nicht zu Einwachsungen kommt. Zur Pfotenpflege gehört auch das Kürzen der Haare zwischen den Ballen. Sollte dies vernachlässigt werden, kann es zu Verfilzungen kommen und Schmutz und Steine können sich leicht dazwischen setzen. Ein wichtiges Warnzeichen hierfür sind übermäßiges Lecken oder Nagen an den Pfoten.

Zahnpflege

Im Alter von vier bis sieben Monaten verliert der Corgi seine 28 Milchzähne und die 42 Zähne des Erwachsenengebisses brechen durch das Zahnfleisch. Dies kann mitunter sehr schmerzhaft sein und sollte regelmäßig kontrolliert werden. Auch hier ist Vorbeugen besser als heilen, denn das körperliche Wohlbefinden ist genauso wichtig wie das seelische. Durch die Versorgung mit altersgerechten Kauartikeln kann der Zahnwechsel angenehmer gestaltet werden. Das können unter anderem Spielzeuge, Kauwurzeln oder aber auch mal eine rohe Möhre sein. Durch das Kauen wird der Juckreiz gelindert und das Ausfallen der lockeren Milchzähne erleichtert. Des Öfteren kann es vorkommen, dass die Milchzähne hinuntergeschluckt werden, was aber unbedenklich ist.
Nur ein gesunder Hund nimmt aufmerksam und lebhaft an seiner Umgebung teil. Eine ausgewogene Ernährung ist maßgeblich an der Gesunderhaltung des Vierbeiners beteiligt. Nicht nur feste Zeiten für Mahlzeiten sorgen für eine Stoffwechselentlastung, sondern auch hochwertiges Futter, welches speziell für Welpen und später für den erwachsen Hund angepasst ist. Die beste Zahnpflege erzielen Sie durch gutes Futter und natürliche Knochen. Sie schleifen den Zahnbelag ab und beugen so der Bildung von Zahnstein vor. Das Gebiss Ihres Corgis sollte trotzdem regelmäßig kontrolliert werden. Es kann in Ausnahmefällen zu fehlenden, fehlgestellten oder festsitzenden Milchzähnen kommen. Es ist wichtig, dies rechtzeitig zu erkennen, um dann den Tierarzt aufzusuchen. Sollten diese Fehlstellungen oder das Festsitzen der Milchzähne nicht behoben werden, kann es zu weiteren Zahnstellungsfehlern oder Taschenbildungen im Zahnfleisch kommen, in denen sich Futterreste ansammeln, die zu massiven Entzündungen führen können. Durch die regelmäßige Kontrolle der Zähne kann auch zeitnah eine Zahnsteinentwicklung erkannt werden, welche nicht immer fütterungsbedingt, sondern auch erblich oder altersbedingt sein kann.
Zahnstein ist ein fest anhaftender brauner Belag aus verhärteten Salzen. Eine Tortur des Zähneputzens kann Zahnstein kaum verhindern. Zur Entfernung weicher Beläge reicht ein Wattebausch getränkt in Kokosöl und ein leichtes Rubbeln. Bei zu viel Zahnstein kann dieser schnell ein Nährboden für Bakterien werden und ebenfalls zu Zahnfleischentzündungen sowie Zahnausfall führen. Darum sollte man ihn immer im Auge behalten und ab einem bestimmten Maß frühzeitig fachkundig entfernen lassen.

Fellpflege

Welsh Corgi Cardigan und Pembroke haben ein „double coat", was so viel wie „doppeltes Fellkleid" heißt. Es besteht immer aus Deckhaar und Unterwolle; beide teilen sich einen Wachstumszyklus. Das Deckhaar besteht aus sogenannten Grannenhaaren. Diese nach hinten gerichteten, dickeren Haare werden auch als Primärhaar bezeichnet. Die Unterwolle besteht dagegen aus den weicheren und kürzeren Flaumhaaren und wird Sekundärhaar genannt. Die Grannenhaare verfügen, wie der Name schon sagt, über eine grannenartige Verdickung zum Ende auslaufend. Sie zeichnen sich durch ihre Länge und Dicke aus und fühlen sich aufgrund ihrer Struktur härter an. Je nach Rasse und Farbe sind Unterschiede zwischen Deck- und Flaumhaar möglich.

Der Sinn dieses Fellkleids ist, dass die Hunde im Winter nicht frieren, im Sommer nicht schwitzen oder sich gar verbrennen und es ist wasser-, wind- und schmutzabweisend.
Dadurch ist das Fell selbstreinigend. Es sollte aber trotzdem regelmäßig ausgebürstet werden, um Verfilzungen, die durch abgestorbenes Haar entstehen können, zu vermeiden, und um eine gute Zirkulation zu gewährleisten.

Die Themen Bürsten sowie Fellbeschaffenheit sind gerade bei Neubesitzern von einem Hund, der Unterwolle hat, eine Herausforderung. Die Angebotspalette der Bürsten tut ihr Übriges. Viele Hundebesitzer, egal welche Rasse sie ihr eigen nennen, entscheiden sich oft dazu, ihren langhaarigen Hund zu scheren. Aber warum? Sie argumentieren dann mit Hygiene und einem praktischeren Alltag bis hin zu dem Gedanken, dass der Hund im Sommer schwitzt und es zum Hitzestau kommt. Keine dieser Aussagen rechtfertigen solche Handhabungen und sind nicht artgemäß.
Haut und Haar bilden das Fell des Vierbeiners. Es schützt unsere Hunde vor allem aber vor äußeren Einflüssen und ist u. a. für die Sinneswahrnehmung sowie für die Temperatur- und Immunregulation zuständig. Das Grannenhaar (Deckhaar) dient dem Schutz gegen äußere Einflüsse. Egal bei welchem Wetter oder auch beim Raufen mit dem besten Hundekumpel – eine intakte Fellstruktur ist äußerst wichtig. Die Unterwolle sitzt dicht an der Haut und schützt diese vor allem gegen Kälte. Beide Schichten wechseln zyklisch. Die Haare fallen also in bestimmten Abständen aus und erneuern sich. Beim Corgi sind das gefühlt 365 Tage im Jahr!
Die beiden unterschiedlichen Fellstrukturen bilden also von Natur aus eine ideale Schutzfunktion. Und ein perfektes Zusammenspiel beider sorgt für eine optimale Isolierschicht. Die gefährliche „Sommerschur" würde eine Kulturveränderung des Fells und der Haut verursachen. Wenn die Epidermis verbrennt, werden die Kapillaren zerstört und die Folge davon ist Büschelwuchs. Dabei verdrängt die Unterwolle regelrecht das schützende Deckhaar und der Corgi „verwollt" oder verfilzt.

Das dichte Fell schützt den Corgi nicht nur vor Hitze, sondern auch vor Kälte.

Eine Schur von Hunden mit Unterwolle führt also immer dazu, dass das Deckhaar in der Regel komplett zerstört wird und somit seine Schutzfunktion für die eigentlich recht empfindliche Hundehaut verliert. Die Unterwolle allein kann diese Funktion nicht erfüllen und saugt sich bei Nässe nur voll und bleibt feucht, die Rückfettung der Haut wird somit unmöglich und der natürliche Säuremantel wird zerstört. Es bildet sich ein perfekter Nährboden für Parasiten und Hautkrankheiten, ebenso bahnen sich aggressive Sonnenstrahlen ihren Weg bis auf die empfindliche Corgi-Haut.

Wenn Sie Ihren Corgi während des Fellwechsels bürsten, dann zunächst in Fellrichtung „mit dem Strich", bis möglichst alle abgestoßene Unterwolle entfernt ist. Bitte benutzen Sie keinen Kamm, der Messer integriert hat (Furminator); dieser ist für das Corgi-Fell absolut ungeeignet. Wenn sich Ihr Corgi nicht im Fellwechsel befindet, bürsten Sie ihn bitte eher selten. Ständiges Kämmen oder Bürsten reizt nur unnötig die Haut und kann zu Schuppenbildung, ständigem Haaren und Juckreiz führen.

Das Wasser ist aus dem Fell schnell herausgeschüttelt.

Aufbau

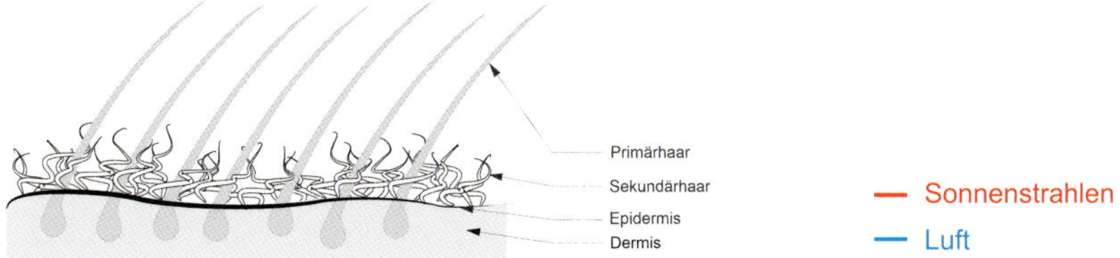

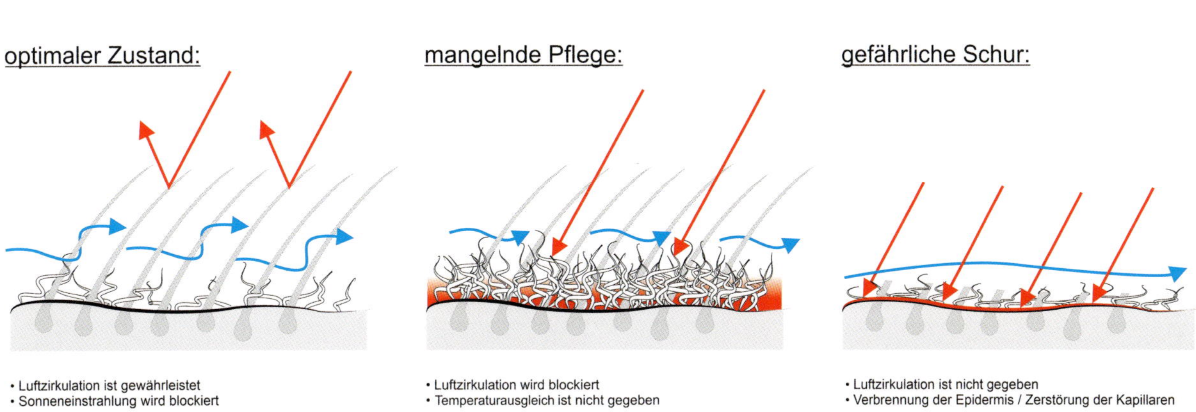

- Luftzirkulation ist gewährleistet
- Sonneneinstrahlung wird blockiert

- Luftzirkulation wird blockiert
- Temperaturausgleich ist nicht gegeben

- Luftzirkulation ist nicht gegeben
- Verbrennung der Epidermis / Zerstörung der Kapillaren

Ohrenpflege

Kontrollieren Sie hin und wieder die Ohren Ihres Corgis. Zwar führen Stehohren zu weniger Problemen als Schlappohren, aber auch diese dürfen nicht außer Acht gelassen werden.
Ein gesundes Hundeohr reinigt sich selbst und riecht zu keiner Zeit unangenehm. Ein sauberes Hundeohr ist wichtig, damit es nicht zu schmerzhaften Entzündungen durch Bakterien oder Pilzen kommt. Um den Schmutz der oberen Ohrentüte zu entfernen, können Sie ein Kosmetiktuch verwenden.
Bitte nehmen Sie niemals Ohrenstäbchen für die Säuberung des Gehörganges. Sie können Ihren Hund dadurch ernsthaft verletzen und den Dreck nur weiter hineinschieben.
Für die Säuberung des Gehörganges ist eine fachmännische Anweisung durch Ihren Tierarzt mit speziellen Flüssigreinigern immer anzuraten.

Baden – ja oder nein?

Das Wort Wasserratte ist eine harmlose Umschreibung für die Vorliebe des Welsh Corgis für Wasser. Die Bezeichnung Wasserfetischist bringt es eher auf den Punkt, denn ein richtiger Corgi lässt keine Pfütze, keinen Tümpel und kein Wasserloch aus, um seinem Hobby, dem Plantschen, nachzugehen. Diese Prozedur wird sogar im eigenen Wassernapf vollzogen und ein verregneter Tag ist für den Welsh Corgi somit gar kein Problem.

Allerdings schadet häufiges Duschen und Waschen mit Shampoo dem natürlichen pH-Wert und Säureschutzmantel der Haut. Es kann zu Hautreizungen führen. Auch wenn Ihr Corgi Wasser über alles liebt, baden Sie ihn nur, wenn es sein muss, weil er sich vielleicht in Exkrementen gewälzt hat. Hunde sind Warmduscher und die perfekte Wasser-Temperatur sind 30°C, was natürlich noch unter dem Wohlfühlbereich des Menschen liegt. Die Hundehaut hat anders als der Mensch ein alkalisches Milieu, weshalb immer ein geeignetes Hundeshampoo verwendet werden muss. Denken Sie auch bitte, bevor Sie Ihren Corgi in die Wanne setzen, an eine rutschfeste Unterlage; dies kann ein gewöhnliches Handtuch sein. Es verhindert das Wegrutschen Ihres Lieblings und somit die Verletzungsgefahr.

Beim Einseifen des Hundes vermeiden Sie, dass das Shampoo in Kontakt mit den Augen kommt und beim Abspülen sollte auf keinen Fall Wasser in die Ohren Ihres Corgis gelangen. Bitte verzichten Sie auch anschließend auf das Föhnen, es bereitet in den meisten Fällen durch die immense Lautstärke Unbehagen bei Ihrem Hund. Rubbeln Sie ihn lieber richtig ab, der Rest trocknet von selbst. Bei sommerlichen Temperaturen können Sie Ihn gleich wieder nach draußen lassen, aber bei

Der Corgi ist eine wahre Wasserratte.

Das Schwarze kann man doch abkratzen!

kühlen Temperaturen warten Sie bitte aufgrund der Erkältungsgefahr, bis Ihr Corgi komplett trocken ist.

Weitere Maßnahmen

- Zu den obligatorischen Pflegemaßnahmen gehören grundimmunisierende Impfungen und deren Auffrischung nach Titerbestimmungen.
- Einer Parasitenprophylaxe sollten Sie ebenfalls regelmäßig nachkommen. Endoparasiten können sie mithilfe von Kotuntersuchungen Ihres Corgis feststellen. Dadurch kann ein Befall mit Würmern oder Einzellern (= Protozoen wie Giardien und Kokzidien) diagnostiziert und zeitnah behandelt werden.
- Von Frühjahr bis Herbst achten sie bitte täglich nach dem Spaziergang auf Zecken bei Ihrem Hund und entfernen diese so schnell wie möglich. Sollten Sie in einem Hotspot leben, können Sie Ihren Corgi mit speziellen Präparaten vor starkem Zeckenbefall schützen. Lassen Sie sich bei der Wahl nach dem richtigen Mittel immer von Ihrem Tierarzt beraten.
- Ein sauberer Schlafplatz ist wichtig; waschbare Decken und Kissen beugen einem Befall mit Ektoparasiten wie Milben oder Flöhe vor.

Nur gesund kann der Corgi sein Leben in vollen Zügen genießen.

Lucy
0157-56436737

Vereinswesen und Ausstellungen

Das Ausstellungswesen heute ist ein bedeutender Zweig des Hundesports geworden und erfreut sich zunehmender Beliebtheit. Man sollte nicht vergessen, dass dies eine kynologische Zielsetzung hat und eigentlich Zuchtshow heißen sollte. Es sind Zucht fördernde Einrichtungen, die das Zuchtniveau widerspiegeln und Interessenten informieren sollten.

Zucht heißt, in Generationen zu denken.

Der Club für Britische Hütehunde

Der Club für Britische Hütehunde e. V. (CfBrH) ist der älteste Zuchtbuch führende Verein in Deutschland. Zudem ist er der einzige deutsche Rassehundezuchtverein, der alle Britischen Hütehunde unter einem Dach vereint. Es werden Bearded Collie, Border Collie, Langhaar-Collie, Kurzhaar-Collie, Bobtail, Shetland Sheepdog, Welsh Corgi Cardigan und Welsh Corgi Pembroke unter seiner Obhut gezüchtet. Er ist Mitglied im Verband für das Deutsche Hundewesen (VDH), der wiederum die Interessen der deutschen Hundezucht und damit auch des CfBrH in der internationalen Dachorganisation für Hundezucht Fédération Cynologique Internationale (FCI) vertritt. Jedes Jahr werden etwa 3.000 Welpen der verschiedenen Britischen Hütehundrassen bei Züchtern des CfBrH geboren und im Zuchtbuch eingetragen. So ist sichergestellt, dass Stammbaum und Herkunft eines jeden Welpen ordentlich dokumentiert und jederzeit nachvollzogen werden kann.

Anzahl der Welpen und Züchter im CfBrH

WCP	2013	2014	2015	2016	2017	2018	2019
Welpen	34	49	68	93	82	137	170
Züchter			9	10	9	12	16
Tendenz		+15	+19	+25	-11	+55	+33

WCC	2013	2014	2015	2016	2017	2018	2019
Welpen	64	73	94	82	94	104	100
Züchter			12	10	14	13	12
Tendenz		+9	+21	-8	+12	+10	-4

Der Club für Britische Hütehunde bietet aktuell die umfassendsten Regularien, um die Zucht seiner Rassehunde zu schützen und zu fördern. Der Club verbindet dazu Tradition und Sorgfalt bei der Zuchtauswahl der Elterntiere mit modernen Technologien und aktuellen Forschungsergebnissen der Kynologie. Die Verantwortlichen des Clubs stehen dazu regelmäßig in engem Austausch mit Genetikern und Wissenschaftlern. Mitglieder werden über die neuesten Erkenntnisse regelmäßig in clubinternen Veröffentlichungen informiert und können ein umfangreiches Veranstaltungsangebot nutzen, um mit den Experten und auch untereinander ins Gespräch zu kommen. Dadurch entsteht ein reger Erfahrungsaustausch, der nicht nur eine gleichbleibend hohe Qualität von Aus- und Weiterbildung der einzelnen Züchter sicherstellt, sondern vor allem eine Früherkennung von unerwünschten Entwicklungen und eine schnelle Reaktion ermöglicht.

Der CfBrH gliedert sich derzeit in 18 Landesgruppen, die insgesamt über 4.000 Mitglieder vor Ort betreuen. Jede Landesgruppe wird von einem gewählten Vorstand geführt, der sich mindestens aus einem Vorsitzenden und dessen Stellvertreter, Kassenwart, Ausstellungswart und Schriftführer zusammensetzt. Andere Ämter wie Pressewart kommen in der Regel dazu, um die Arbeit zuverlässig bewältigen zu können. Zur Unterstützung von Züchtern und Betreuung der Würfe verfügen die Landesgruppen über gut ausgebildete Zuchtwarte, die für die Qualität von Zucht und Zuchtstätten bürgen.

In den Landesgruppen vollzieht sich das Clubleben für alle Mitglieder in Gestalt von Hunde-Ausstellungen, Fortbildungen, Wanderungen, Sommer- und Weihnachtsfeiern sowie Club-Abenden mit wechselnden Themen. Der CfBrH bietet durch seine Hütebeauftragten ebenfalls Hüteveranstaltungen

Auch Hüteveranstaltungen sind für Zwei- und Vierbeiner spannend.

und Schnupperkurse für Interessierte an, ob nun Agility oder Hütearbeit. Hundesport ist zwar nicht das Hauptaugenmerk eines Rassehundezuchtvereins, gleichwohl aber eine wichtige Sparte, da die acht Rassen des Clubs nicht nur allesamt sehr taugliche Familienhunde, sondern auch Arbeitshunde sind.

Darüber hinaus ist der CfBrH im Tierschutz aktiv und vermittelt über den zentralen Tierschutzbeauftragten britische Hütehunde in Not. So steht der Club seinen Mitgliedern in vielerlei Hinsicht zur Seite (Internetseite: www.cfbrh.de).

Show heute

Wer seinen Corgi ausstellen möchte, sollte sich mit gewissen Grundkenntnissen des Ausstellungsreglements auseinandersetzen. Kranke und nicht geimpfte Hunde sind von jeder Ausstellung ausgeschlossen. Die wichtigsten Gegenstände der Bestimmungen der Zuchtschauordnungen vom FCI, VDH und CfBrH sind Einteilung der Zuchtschauen, Klasseneinteilung auf Zuchtschauen, Formwertnoten und Vergabebedingungen für Champion-Titel.

Für Rassehundefreunde sind Hundeshows eine interessante und beliebte Plattform. Schon vor der Anschaffung Ihres Welsh Corgis können Sie sich hier genau über die Rasse informieren, denn sie bekommen etliche Vertreter live zu sehen, die Möglichkeiten, mit Haltern, Züchtern und Zuchtvereinen in Kontakt zu treten, und Erfahrungen aus erster Hand. Mancher Welpenkäufer hat auf Bitten des Züchters auch schon einmal ausgestellt und ist somit selbst zum Züchter geworden oder ist als Besucher auf einer Show auf seine Rasse getroffen und hat sich daraufhin seinen Welpen gekauft. Die meisten Aussteller sind am Zuchtgeschehen der Rasse beteiligt, denn eine erfolgreiche Teilnahme ist eine der Voraussetzungen für eine Zuchtzulassung.

Die größte Hundeausstellung weltweit, genannt Crufts, findet jährlich in Großbritannien statt. Das Erreichen einer Platzierung ist die größte Auszeichnung für Züchter und Hund.

Langjährige Züchter und Deckrüdenbesitzer sorgen somit für eine tolle Atmosphäre auf den Hundeausstellungen. Die Zuchtschauen sind in Club-Ausstellungen, Spezialrasse-Hundeausstellungen und in Nationale und Internationale Rassehunde-Zuchtschauen eingeteilt. Die Clubausstellungen finden mindestens einmal im Monat statt und werden von den verschiedenen Landesgruppen ausgerichtet; je nach Wetterlage finden diese in Hallen oder im Freigelände statt. Eine Spezialrasse-Hundeausstellung findet einmal im Jahr für jede Rasse unseres Clubs für Britische Hütehunde statt. Bei erfolgreicher Teilnahme an einer von ihnen kann hier unterteilt in Rüde und Hündin ein CAC (Certificat d`abtitude au championat) als Anwartschaft auf den Titel Deutscher Champion (CfBrH) oder das Jugend- oder Veteranen-CAC als Anwartschaften für den Jugend- oder Veteranenchampion für den Club errungen werden. Internationale Zuchtschauen finden in den meisten Fällen in Hallen statt. Auf ihnen kann man bei erfolgreicher Teilnahme die Anwartschaften für den VDH-Champion erzielen, dies gilt auch für die Jugend- und Veteranenklasse. Ebenfalls kann ab der Zwischenklasse ein CACIB für den Internationalen Schönheitschampion (Certificat d`Aptitude au Championat International de Beautè) im In- und Ausland erzielt werden. Auch Titelvergaben und Crufts-Qualifikationen sind möglich für die Besten ihrer Rasse.

Eine gelungene Präsentation führt zum Erfolg.

Multi Ch. Dragonjoy Jessica Rabbit (Welsh Corgi Pembroke) mit ihrer Züchterin Chiara Ceredi.

Im Überblick!

Die **Klasseneinteilung** richtet sich nach Geschlecht, Alter und Titel. Es gibt auch Paarklassen- und Zuchtgruppenwettbewerbe.
Hinsichtlich der Klassen gilt folgende Einteilung:

Babyklasse – 4 bis 6 Monate (nur auf Clubausstellungen)
Jüngstenklasse – 6 bis 9 Monate
Jugendklasse – 9 bis 18 Monate
Zwischenklasse – 15 bis 24 Monate
Offene Klasse – ab 15 Monate
Championklasse – nur mit Championtitel
Veteranenklasse – ab 8 Jahre

Die **Formwertnoten** werden vom Zuchtrichter streng nach dem Rassestandard beurteilend vergeben.
Diese können wie folgt ausfallen:

vorzüglich (V) – wird an Hunde vergeben, die dem idealen Rassestandard entsprechen, in ausgezeichneter Verfassung sind, eine hervorragende Haltung haben, ein harmonisches Gangwerk und ausgeglichenes Wesen ausstrahlen. Es sollte wirklich Spitzenhunden vorbehalten bleiben, um die Aussagekraft nicht abzuschwächen.

sehr gut (SG) – wird Hunden zuerkannt, die typische Merkmale ihrer Rasse besitzen, in guter Verfassung sind und ausgeglichene Proportionen vorzuweisen haben. Minimale Fehler werden mit Nachsicht behandelt, jedoch sind diese keinesfalls morphologischer Natur.

Eine Abstufung mit **gut, genügend, nicht genügend oder disqualifizierend** genügt nicht mehr für die Zuchtzulassung. Das Urteil eines Richters ist unanfechtbar und sollte mit sportlicher Haltung akzeptiert werden.

Vergabebedingungen für Champion-Titel

Deutscher Jugendchampion CfBrH – in der Jugendklasse müssen unter mindestens zwei verschiedenen Richtern drei Anwartschaften J-CAC errungen werden

Deutscher Jugendchampion VDH – es müssen hier auch drei Anwartschaften J-CAC von mindestens zwei verschiedenen Richtern vorliegen, allerdings müssen zwei davon auf Nationalen oder Internationalen Rassehunde-Ausstellungen erworben sein.

Deutscher Champion CfBrH – ab der Zwischenklasse müssen unter mindestens drei verschiedenen Richtern fünf Anwartschaften CAC errungen werden, allerdings ist hier zu beachten, dass zwischen der ersten und letzten Anwartschaft mindestens ein Jahr + 1 Tag liegen muss.

Deutscher Champion VDH – auch hier müssen ab der Zwischenklasse unter mindestens drei verschiedenen Richtern fünf Anwartschaften CAC errungen werden, aber drei davon müssen auf Nationalen oder Internationalen Rassehunde-Ausstellungen erworben sein und zwischen der ersten und letzten Anwartschaft muss ebenfalls mindestens ein Jahr + 1 Tag liegen.

→ auf der Europa- und Bundessiegerschau kann man die Crufts-Qualifikationen für die besten Hunde des jeweiligen Geschlechts erringen und die CAC (VDH) Anwartschaften zählen hier doppelt; dies gilt auch für die German Winner Show in Leipzig.

Deutscher Veteranen Champion CfBrH und VDH – beinhaltet dieselben Vergabebestimmungen wie beim Jugendchampion, allerdings muss der Hund hier in der Vertanenklasse starten und dafür bereits 8 Jahre alt sein.

Internationaler Champion – hier müssen vier CACIB unter drei verschiedenen Richtern in drei verschiedenen Ländern errungen werden. Eine davon muss im Heimatland des Hundebesitzers sein oder im Ursprungsland der Rasse, im Falle des Corgis also Wales. Zwischen dem ersten und dem letzten CACIB muss wie beim Deutschen Champion ein zeitlicher Zwischenraum von einem Jahr + 1 Tag liegen.

Vorbereitungen und Teilnahme an einer Ausstellung

Wenn sich der Wunsch verstärkt, einmal mit seinem Corgi im Ring stehen zu wollen, dann bedarf es einiger Vorbereitungen. Zuallererst muss man sich und seinen Welsh Corgi online beim Veranstalter registrieren. Die Ahnentafel mit Zuchtbuchnummer sowie ein gesunder Hund mit gültigem und aktuellem Impfausweis sind Voraussetzung. Man bekommt dann eine Bestätigung und wird gebeten, ein Meldegeld zu leisten. Die Höhe dessen hängt von der Altersklasse des Hundes und der Ausrichtung der Show ab.
Die Zeit bis zu der Show sollte intensiv für ein Ringtraining genutzt werden.

Ein gutes Sozialverhalten sowie ordentliche Leinenführigkeit für eine gelungene Präsentation Ihres Welsh Corgis sind Grundvoraussetzung. Häufig werden über den Club und dessen einzelne Landesgruppen Möglichkeiten zum Üben angeboten. Auch der Züchter des eigenen Hundes kann einen eventuell beraten. Ansonsten kann man sich belesen oder langjährige Aussteller befragen. Diese können immer gute Tipps geben und Regeln im Ring erklären und erläutern. Manchmal kann es allerdings vorkommen, dass man noch nicht so gut vorbereitet ist, und wenn es in den Ausstellungsring geht, läuft alles schief und der Hund hat

Der Hund muss perfekt stehen,
damit sich der Richter ein Bild machen kann.

Zähnchen zeigen muss geübt sein.

seine eigenen Vorstellungen von einer gelungenen Präsentation. Es darf nie vergessen werden, dass im Ring eine ganz besondere Atmosphäre herrscht. Alles riecht anders, die Geräuschkulisse ist fremd und so kann es passieren, dass Ihr Corgi seinen eigenen Kopf bekommt und Sie einen neuen Hund an Ihrer Seite kennenlernen.

Wenn es nötig ist, baden Sie Ihren Hund ein paar Tage vor der Show, aber machen Sie nicht den Fehler und baden ihn am Abend vor der Ausstellung. Sein Fell könnte sonst „aufploppen" und ein völlig verzerrtes Bild vom eigentlichen Zustand der Fellbeschaffenheit aufweisen. Das heißt aber nicht, dass der Hund unsauber oder in schlechter Kondition in den Ring stolzieren sollte; er sollte einen wohlgenährten und gepflegten Eindruck hinterlassen.

Am Tag der Ausstellung hat man als Neuling auf jeden Fall seine Nervosität auf seinen Hund übertragen. Trotzdem sollte man versuchen, so souverän wie möglich zu sein, um es seinem Welsh Corgi zu erleichtern. Sind beide Parteien startklar für den Schönheitskampf, so wird der eigene Hund mit anderen Rassevertretern vorgeführt.

Bei der Einzelbewertung erfolgt eine genaue Begutachtung durch den Richter. Dieser prüft die Gegebenheiten des Standards, des Gangwerks, die Zähne, das Stockmaß, das Vorhandensein der Hoden beim Rüden.

Die Bindung zwischen Mensch und Hund ist der größte Erfolg!

Üben Sie somit neben dem Laufen und Präsentieren auch diese Berührungen im Vorfeld und das Stehen auf einem Tisch (kleine Rassen werden auf einem Tisch beurteilt), um Ihrem Hund eine angenehme und ansatzweise bekannte Situation zu schaffen.

Allerdings reagiert jeder Hund auf einer Ausstellung anders. Mache sind dafür geboren und richtige „Showhasen", einige lassen sich gut über ihre Fresssucht mit Leckerchen bestechen und andere wiederum werden es misswillig ertragen.

Wählen Sie den Weg, den Sie für sich und Ihren Welsh Corgi verantworten können. Drill und übertriebener Ehrgeiz haben hier nichts zu suchen, die Zusammenarbeit mit Ihrem Corgi sollte immer an erster Stelle stehen – nur das ist der wahre Erfolg!

Voraussetzung und Zulassung für die Zucht

Um die Zulassung für eine Zucht zu erhalten, müssen Mensch und Hund einige Voraussetzungen erfüllen.
Zu erbringen ist ein Sachkundenachweis durch Teilnahme an vom CfBrH organisierten Züchterseminaren mit abschließender und bestandener Sachkundeprüfung. Eine weitere Grundlage ist die Mitgliedschaft im CfBrH zur Beantragung vom „internationalen Zwingernamenschutz" (der Zuchtstättenname – wird der Zuname der selbst gezüchteten Hunde). Dieser

Die Qualität des Hundes spiegelt das Wissen und Engagement eines Züchters wider!

Antrag geht vom LG-Vorsitzenden zur Zuchtbuchstelle und wird an den FCI weitergeleitet. Des Weiteren ist eine Zuchtstättenabnahme (Anforderungen siehe Zuchtordnung CfBrH) durch den Vorsitzenden der LG oder einen beauftragten Zuchtwart erforderlich. Regelmäßig (mindestens alle zwei Jahre) muss jeder Züchter den Nachweis über eine kynologische Veranstaltung (Fortbildung) des CfBrH erbringen, welches auch Teilnahme an einer Züchtertagung dieser Rasse(n) sein kann.
Für Ihren Corgi sieht das Ganze dann anders aus, der muss nicht nur „gut aussehen", sondern auch „topfit" sein! Um für Ihren Welsh Corgi eine Zuchtzulassung zu bekommen, muss Ihr Hund gechippt sein und einen gültigen Heimtierausweis besitzen. Eine weitere Voraussetzung ist der Abstammungsnachweiß Ihres Corgis mit einer Zuchtbuchnummer. Der muss bei Importhunden von einem der FCI angehörigen Verein sein und wird auch Export-Pedigree genannt. Sollten Sie Ihren Hund in Deutschland gekauft haben, so muss die Ahnentafel vom Club für Britische Hütehunde sein. Das sind erst einmal die Grundvoraussetzungen für eine Teilnahme an einer Hundeausstellung.
Besitzen Sie dies? Dann müssen Sie mindestens zweimal (ab der Jugendklasse) auf einer Rassehunde-Ausstellungen oder Club-Show ausgestellt und die

Eine perfekte Pembroke-Hündin!

Formwertnote „vorzüglich" (v) oder „sehr gut" (sg) errungen haben. Des Weiteren benötigen Sie eine HD-Auswertung mit dem Grad A, B oder C. Der Welsh Corgi Cardigan muss ein DNA-Test auf die erbliche Augenerkrankung PRA durchgeführt werden. Beim Welsh Corgi Pembroke ist eine ophthalmologische Untersuchung auf erbliche Augenkrankheiten, die frühestens im Alter von zwölf Monaten anerkannt wird, Pflicht.
Haben Sie alles? Dann können Sie Ihren Hund zur Körung „Zuchtzulassung" anmelden und vorstellen. Für Körklasse I ist ein „fehlerfreier" Hund erforderlich, jede Abstufung Ihres Corgis wird mit Körklasse II gewertet. Sollten bei Ihrem Corgi genetische Defekte oder Erkrankungen vorliegen, führt dies zum Zuchtausschluss.

Mögliche Erkrankungen

Das Wissen über Genetik und Erkrankungen wächst stetig und somit auch verschiedenen Ansichten und Behandlungsmethoden. Corgis sind sehr hart im Nehmen und leiden still, deshalb liegt es immer an Ihrem Besitzer, zeitnah auf Wesens- oder körperliche Veränderungen zu reagieren und einen Tierarzt und Züchter zu konsultieren. Welche Erkrankungen beim Corgi vorkommen und wie man haltungsbedingt oder züchterisch diesen entgegenwirken kann, ist hier aufgeführt.

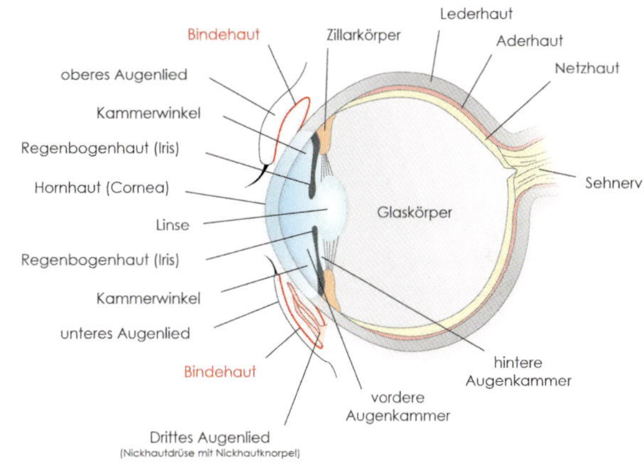

Augenerkrankungen

Die meisten Hunde sind emmetrope Dichromaten und haben eine unebene Hornhaut. Sowohl die Anatomie als auch die genetischen Faktoren, welche Größe und Form der Hornhaut, Krümmung der Linse und Maße der Augen bestimmen, sind für das Sehen verantwortlich. Bestimmte Krankheiten können durch DNA-Analyse und Augenuntersuchungen diagnostiziert werden. Für einen Gentest wird vom Tierarzt ein Abstrich der Backenschleimhaut oder eine EDTA-Blutprobe entnommen und zur Labordiagnostik eingeschickt. Für spezielle Augenuntersuchungen benötigt der Tierarzt eine extra Ausbildung, die Untersuchung findet also am besten bei einem Tierarzt mit einer Zusatzbezeichnung für Augenheilkunde statt. Dieser hat die erforderliche Ausstattung und das Spezialwissen dafür.
Bei der Untersuchung wird ein Mydriatikum, welches die Pupille erweitert, ins Auge getropft. Nur so können die verschiedenen Bereiche des Auges untersucht werden.
Mit der Spaltlampe werden die vorderen Augenabschnitte Lider, Binde- und Hornhaut, Iris, vordere Augenkammer und die Linse untersucht.

Das Sichtfeld von 240° ermöglicht dem Corgi eine periphere Sicht.

Mit dem Ophthalmoskop wird anschließend der Augenhintergrund untersucht. Bei der ophthalmologischen Untersuchung gibt es zwei verschiedene Varianten: die direkte und indirekte Begutachtung. Bei der indirekten Ophthalmoskopie (Spiegelung) wird ein größerer Teil des Augenhintergrunds sichtbar gemacht und bei der direkten wird ein kleiner Ausschnitt vom Augenhintergrund sichtbar gemacht, der aber stark vergrößert ist, sodass feine Strukturen wie die Netzhaut (Retina) und Sehnervenpapillen beurteilt werden können.

Collie Eye Anomalie (CEA) oder Choroidale Hypoplasie (CH)

CEA ist eine Erbkrankheit, die zur Veränderung der Netzhaut führt. Sie kann in verschiedenen Schweregraden auftreten. Bei geringen Veränderungen bleibt sie meist unbemerkt. Im Bereich des eintretenden Sehnervs kann es bei schwerwiegender Veränderung auch zur Ausbuchtung der Netzhaut kommen, dann spricht man von einem Kolobom. Je nach Größe des Koloboms kann die Sehkraft beeinträchtigt werden. Bei sehr schweren Fällen kommt es zur Veränderung der Blutgefäße und sogar zu Blutungen an der Netzhaut, was eine Netzhautablösung zur Folge hat und somit unweigerlich zur Erblindung des Hundes führt.
Mit der Choroidalen Hypoplasie (CH) wird die mildeste Form der CEA beschrieben. Diese kann man bei einem Welpen nur bis zur 9. Woche anhand einer Augenuntersuchung erkennen; später wird sie von Pigmenteinlagerungen überdeckt. Eine Heilung ist nicht möglich, Netzhautablösungen können nur in bestimmten Fällen laserchirurgisch behandelt werden. Diese Augenerkrankung wird autosomal-rezessiv vererbt und kann anhand eines DNA- Tests nachgewiesen werden. Bei der CH wird die schwerwiegende Form des Koloboms ausgeschlossen.
Von einem Fortschreiten der geringgradigen CEA ist nichts bekannt. So können aber die verantwortlichen Träger der Mutation vom Alter unabhängig ermittelt werden, auch wenn sie klinisch unauffällig waren. Das Patent des Gentests hat die amerikanische Firma Optigen.

Membrana Pupillaris Persistens (MPP)

MPP ist eine angeborene Anomalie der Entwicklung des mesodermalen Gewebes der Iris. Die Pupillenmembran ist ein Häutchen, welches die Pupille während der embryonalen Entwicklung bedeckt. Normalerweise wird dieses Gewebe bei den Welpen entweder vor dem Öffnen der Augen oder unmittelbar nach dem Öffnen getrennt und sollte sich zwischen der 2. und 4. Lebenswoche komplett zurückgebildet haben. Manchmal verzögert sich dieser Vorgang um mehrere Monate. Selbst eine hartnäckige Pupillenmembran ist weder biomechanisch noch ästhetisch ein Problem für das Tier.
Eine chirurgische Behandlung ist nur in Fällen erforderlich, in denen diese Veränderung dem Tier Unbehagen bereitet und sich negativ auf die Sehleistung auswirkt. Dann verursachen Gewebeverbindungen die Trübung des Auges.
Es kann sich infolge der MPP in schwerwiegenden Fällen ein sekundäres Glaukom entwickeln. Dabei wird aufgrund einer Zirkulationsstörung eine Entzündung hervorgerufen, welche mit einem erhöhten Augeninnendruck einhergeht. Das Endstadium beschreibt schmerzhafte Verhärtung und anschließende Erblindung wie bei einem Glaukom. Die Art der Vererbung ist höchstwahrscheinlich polygen.

Retinadysplasie (RD)

Die Netzhautdysplasie ist ein pathologischer Prozess bei der Netzhautdifferenzierung. Es kann zur Bildung von Rosetten, Falten oder gar zum Ablösen der Netzhaut führen. Viele Hunderassen sind für diese Augenerkrankung prädisponiert (zum Beispiel Labrador Retriever, Cocker Spaniel, Rottweiler, Corgis). Die Art der Vererbung ist autosomal-rezessiv. Ausnahme ist der Labrador Retriever, bei dem sie dominant vererbt wird. Die Retinadysplasie ist in drei Schweregrade einzuteilen: die (multi)fokale RD, die geografische RD und die totale RD. Eine

fokale oder multifokale Dysplasie ist durch das Vorhandensein mehrerer Falten und Rosetten gekennzeichnet, wobei Punkte oder Linien von grauer oder grüner Farbe im zentralen Teil des Fundus sichtbar sein können. Im tapetalen Teil (Schicht inmitten oder hinter der Netzhaut) sind diese Bereiche reflektierend, im nicht tapetalen Teil weißlich. Es gibt keine oder nur leichte visuelle Einschränkungen bei dieser Art der Dysplasie und eine Behandlung ist nicht erforderlich.
Die geografische Dysplasie ist gekennzeichnet durch die Bildung unebener, hufeisenförmiger Falten, die Netzhaut ist stellenweise verdünnt und es entstehen hyperreflektive Bereiche, bei denen sich die Netzhaut im Bereich der Läsion teilweise ablöst. Eine Sehbehinderung bei dieser Art von Dysplasie kann erheblich sein und hängt vom Bereich des betroffenen Abschnittes ab.
Bei der geografischen RD ist ebenfalls keine Behandlung nötig, aber sollte diese mit einer Netzhautablösung einhergehen, kann man mit einer Laserretinopexie versucht werden, eine Progression zu verhindern. Eine totale Retinadysplasie ist durch eine vollständige Netzhautablösung mit vollständigem Sehverlust gekennzeichnet.

Katarakt (Grauer Star)

Trübungen der Augenlinse sind die häufigsten Ursachen, die zu Sehstörungen und Sehverlust führen. Die ersten Anzeichen eines erblich bedingten (= primären) Katarakts entwickeln sich im Alter von neun bis 15 Monaten. Das Fortschreiten des Katarakts bis zu einer vollständigen Trübung der Linse geschieht bis zum Alter von drei bis vier Jahren. Derzeit gibt es noch keine medikamentösen Behandlungsmöglichkeiten für erbliche Katarakte. Die einzige Möglichkeit, um das Sehvermögen wieder herzustellen, beläuft sich darauf, eine künstliche Linse zu implantieren.
Die erblichen Katarakte sind fortschreitender Natur und beginnen in der Regel im hinteren Bereich der Linse mit einem kleinen Fleck in der Mitte. In diesem Stadium kann die Krankheit mit klinischen Methoden nur durch eine gründliche ophthalmologische Untersuchung festgestellt werden. Der Trübungsfleck wächst allmählich, während die Wachstumsrate stark variieren kann. Bei einigen Formen von Katarakten ist das Fortschreiten sehr langsam und der Hund hat lange Zeit keine Sehprobleme. In anderen Fällen ist die Entwicklung von Katarakten so schnell, dass der Hund in wenigen Wochen erblinden kann. Mit klinischen Methoden kann die Krankheit durch eine ophthalmologische Untersuchung festgestellt werden, wobei es dem Arzt ermöglicht bei der Auswahl einer Behandlungsstrategie die richtige Entscheidung zu treffen. Bei einem fortgeschrittenen Katarakt hilft nur die Absaugung der Linse mit anschließendem Einsetzen einer künstlichen Linse. Bei der angeborenen Form sind in der Regel beide Augen betroffen.
Ein sekundärer Katarakt kann aufgrund von Erkrankungen erworben werden.

Die Sehleistung ist für den aufmerksamen Corgi sehr wichtig.

Der sogenannte „Alterskatarakt" ist ebenfalls nicht erblich bedingt und kann fast jeden Hund im Alter betreffen. Bei verschiedenen Rassen liegt sowohl ein autosomal-rezessives, als auch ein autosomal-dominantes Vererbungsmuster vor. Der Welsh Corgi Pembroke ist eher von dieser Krankheit betroffen, allerdings liegt hier kein festes Vererbungsmuster vor.

Glaukom (Grüner Star)

Der Grüne Star beschreibt eine sehr schmerzhafte Erhöhung des Augeninnendrucks, was innerhalb kürzester Zeit irreversibel zur Erblindung führt. Der erhöhte Augeninnendruck schädigt den Sehnerv und die Netzhaut. Diese Erhöhung des Innendrucks kann aus verschiedenen Ursachen resultieren. In einem gesunden Auge erfolgt eine ständige Zirkulation des Kammerwassers, wobei dessen Produktion und Abfluss im Gleichgewicht stehen. Eine Behinderung des Kammerwasserabflusses führt zu einem Anstieg des Augeninnendrucks. Ausgehend von der Ursache der Abflussbehinderung wird zwischen einem Primärglaukom und einem Sekundärglaukom unterschieden. Beim Primärglaukom (erblich) handelt es sich um eine Missbildung des Kammerwinkels und erfahrungsgemäß tritt das Glaukom zwischen dem 3. und dem 7. Lebensjahr auf. Anfänglich ist oft nur ein Auge betroffen. Allerdings erkrankt in vielen Fällen auch das zweite Auge innerhalb kurzer Zeit.

Diese Missbildung kann durch einen Tierarzt mithilfe einer Gonioskopie festgestellt werden. Bei der Entwicklung eines Sekundärglaukoms liegen hier meistens chronische Entzündungen oder eine Linsenluxation (LL) vor, welche den Abfluss des Kammerwassers stören und zur Erhöhung des Augeninnendrucks führen.

Bei einem akuten Glaukom kann der Hund innerhalb von Stunden oder wenigen Tagen erblinden. Aufgrund der Gefahr der vollständigen Erblindung und den starken Schmerzen des Hundes ist bei der Veränderung des Augeninnendrucks ein sofortiges Handeln zur gezielten Senkung des Augendrucks notwendig.

Betroffene Hunde können mit Augentropfen und einer Lasertherapie behandelt werden, um die Sehkraft eventuell zu erhalten. Eine passende Schmerztherapie ist unerlässlich. Es gibt Fälle, in denen die Schädigung so stark ist, dass das Auge nicht mehr zu retten ist und entfernt werden muss. Die Hunde gewöhnen sich in der Regel sehr gut an die ein- oder beidseitige Blindheit.

Hornhautdystrophie

Die Hornhautdystrophie ist erblich bedingt und manifestiert sich ein- oder beidseitig aufgrund einer fortschreitenden Ablagerung von Stoffwechselprodukten (Endothel, Amyloid, Lipoid (Fett) und andere). Durch diese Stoffwechselstörung wird die Transparenz der Hornhaut verringert. Man unterscheidet stromale Dystrophie (SD) und endotheliale Dystrophie (ED). Bei der SD ist ein deutliches Zeichen eine begrenzte kristalline Weißbildung in der Hornhaut. In der Regel bereitet ein krankes Auge dem Tier keine Probleme, da eine solche Dystrophie normalerweise die Sehfunktion nicht sehr beeinträchtigt. Von einer ED spricht man, wenn eine weißlich-bläuliche Trübung auf der gesamten Hornhaut vorliegt, somit wird bei der ED auch das Sehvermögen stärker eingeschränkt. Diese Krankheit kann nur durch eine visuelle Untersuchung mithilfe eines Ophthalmoskops und nach Überprüfung des vorderen Augenabschnitts mit einer Spaltlampe diagnostiziert werden.

Progressive Retinaatrophie (PRA)

PRA beschreibt die fortschreitende Rückbildung der Netzhaut. Diese progressive Netzhautablösung ist eine Erkrankung, die neben dem Welsh Corgi Cardigan auch viele andere Hunderassen betrifft. Sie wurde zum ersten Mal in England in den 1960er-Jahren entdeckt. Sie ist gekennzeichnet durch die allmähliche Zerstörung der Photorezeptoren, (Stäbchen und Zapfen), die zur Nachtblindheit, Tunnelsyndrom und anschließend zu einem vollständigen Verlust des Sehvermögens

führt. Die ersten Veränderungen in der Netzhaut, die aus degenerativen Veränderungen in den kegelförmigen Zellen bestehen, treten in den ersten Lebenstagen des Welpen auf, dann wirken sich die Veränderungen auch auf die stabförmigen Zellen aus. Die Krankheit schreitet schnell voran und raubt dem Hund manchmal schon gegen Ende des ersten Lebensjahres sein Sehvermögen. Eine autosomal-rezessive Vererbung liegt hier vor. Da man mit einer Ophthalmoskopie nur klinisch betroffene Hunde finden konnte, wurde für diese Augenerkrankung ein Gentest entwickelt (rcd3-PRA), um auch die klinisch unauffälligen Träger der Erbkrankheit aufdecken zu können. Somit kann verhindert werden, dass Erbträger miteinander verpaart werden und Welpen mit dieser Erkrankung geboren werden.

Der Welsh Corgi Cardigan ist eher von dieser Krankheit betroffen und muss für die Zuchtzulassung auf PRA genetisch getestet werden. Beim Welsh Corgi Pembroke sind fast keine betroffenen Hunde zu verzeichnen.

Weitere mögliche Erkrankungen

Hüftgelenkdysplasie (HD)

Die Hüftgelenkdysplasie ist eine komplexe und weit verbreitete Krankheit bei vielen Hunderassen und kann auch beim Welsh Corgi Cardigan und Pembroke auftreten. Oft sagte man großen Rassen diese nach, aber auch kleine Rassen sind häufig betroffen. Man versteht darunter eine Fehlbildung und auch Fehlstellung der Hüftgelenke. Das Hüftgelenk wird von der Hüftgelenkspfanne und dem Oberschenkelkopf gebildet. Wenn diese Knochen nicht korrekt ineinander passen oder nicht in einem bestimmten Winkel zueinander stehen, spricht man von einer HD. An den Hüftgelenken kann eine unterschiedliche Schwere der HD vorliegen. Es ist eine polygenetische, multifaktorielle, biomechanische Erkrankung. Eine Gelenkinstabilität sowie verschiedenartige Lahmheiten können auftreten.

Diese Pembroke Corgis sind kerngesund.

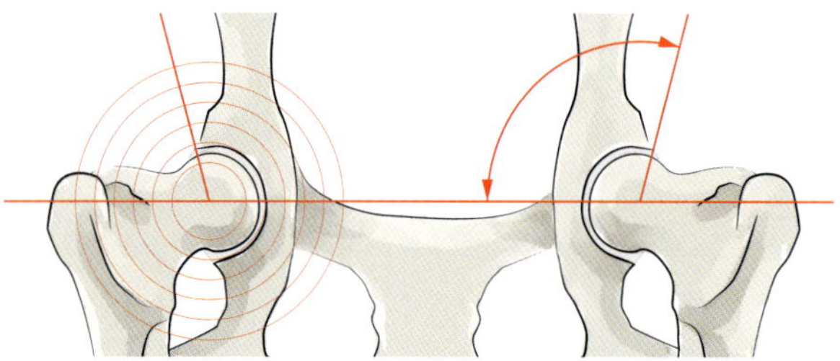

HD-Grad
Die Art der Winkelmessung dient zur Bestimmung des HD-Grades. Der Schweregrad oder die Veränderung des Hüftgelenks wird wie folgt eingestuft:
HD A – frei, keine Anzeichen, unauffällige Gelenke
HD B - auch frei, aber leichte Unregelmäßigkeiten am Hüftgelenk erkennbar
HD C – leichte HD, Oberschenkelkopf und Gelenkpfanne sind ungleichmäßig
HD D – mittel, es gibt deutliche Unregelmäßigkeiten
HD E – schwerwiegende Hüftgelenkdysplasie
Zur Zucht kommen nur HD A und HD B infrage; HD C nur dann, wenn sie mit einer HD A verpaart wird.

Seit 1970 werden verschiedene Studien dazu durchgeführt und die Ursachen sind auf Vererbung, Haltung, Ernährung, Aufzucht und Überlastung zurückzuführen. Somit kann ein Hund genetische Veranlagungen haben, damit es zu einer Fehlentwicklung kommt, aber falsche Ernährung und ein dadurch zu schnelles Wachstum begünstigen eine HD ebenfalls. Auch falsche oder nicht altersgerechte Haltung und Bewegung können zur Gelenküberlastung und somit zu einer Deformierung führen.

Symptome sind klar an Bewegungseinschränkungen, Schmerzen, Problemen beim Aufstehen und Hinlegen und beim schnellen Laufen, das in ein Hoppeln übergeht, zu erkennen. Alle Welsh Corgis müssen vor Zuchtzulassung geröntgt werden und die HD-Einstufung wird von einem Gutachter (vom Club erwählter Fachtierarzt) ausgewertet. Für die Röntgenaufnahme des Beckens mit beiden Hüftgelenken ist bei gestreckten Hinterläufen eine Narkose notwendig. Um eine genaue Position des Gelenkkopfes in der Gelenkpfanne zu bestimmen, wird eine spezielle Winkelmessung (Norberg) durchgeführt.

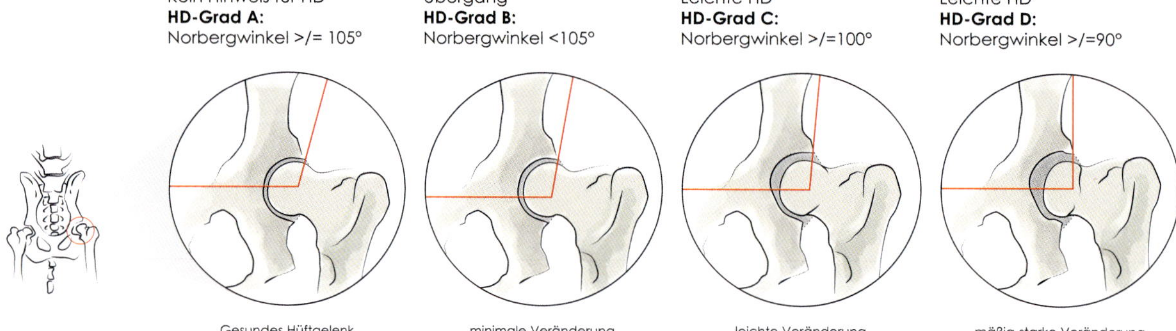

Short-Ulna-Syndrom/Carpus valgus/ Radius Curvus

Bei dieser Erkrankung sind eine Pfotendrehung nach außen und eine Biegung der Unterarme beim Welsh Corgi ganz deutlich zu erkennen. Dieses Krankheitsbild entsteht durch den vorzeitigen Schluss der unteren Wachstumsfuge der Ulna (Elle), die zusammen mit der Speiche den Unterarm bildet. Häufig wird dieses Syndrom auch bei Rassen festgestellt, die ebenfalls kurzbeinig sind, wie zum Beispiel Basset oder Dackel. Zwischen Mittelstück und Gelenkende liegt die sogenannte Wachstumszone, die Epiphysenfuge. Beim jungen Hund ist die knorpelige Wachstumszone durch die Bildung von Knochengewebe für das Längenwachstum des Knochens verantwortlich, ferner wird hier auch der Gelenkknorpel gebildet.

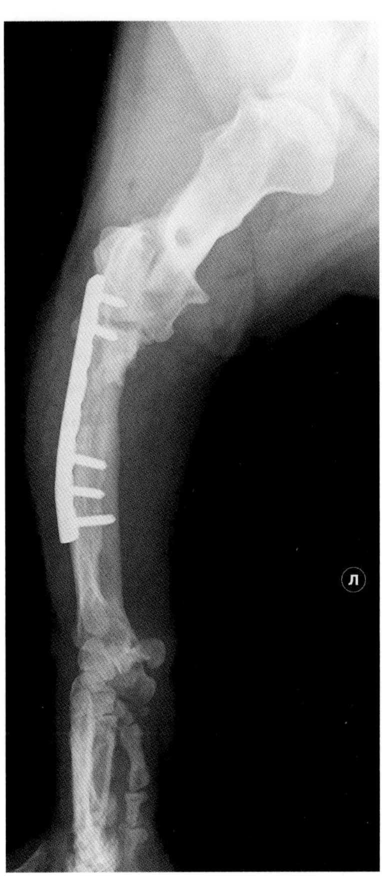

Im Normalfall schließt sich diese Wachstumszone mit fortschreitendem Alter des Tieres und verknöchert, aber durch ein verzögertes oder unzureichendes Wachstum der unteren Wachstumsfuge der Elle, die für ca. 85 % des Längenwachstums dieses Knochens verantwortlich ist, verkürzt sich die Elle scheinbar. Da die daneben liegende Speiche (Radius) aber normal weiterwächst, wird sie zunächst wie eine Bogensehne gebogen (Radius curvus). Schließlich verbiegt sich der gesamte Unterarm und es kommt zur Pfotenstellung nach außen (Carpus valgus). Bei starker Ausprägung der Erkrankung ist der Druck der Speiche auf den Oberarmknochen dabei so groß, dass es zur Subluxation (unvollständige Ausrenkung) des Ellenbogengelenks kommt.

Durch das Nicht-Zusammenpassen der Gelenkflächen haben die Tiere Schmerzen und lahmen. In den meisten Fällen liegt eine Wachstumsfugenstauchung oder eine chronische Belastung dieser Fehlentwicklung zugrunde, äußerst selten sind es genetische Gegebenheiten. Überfütterung und übermäßige Belastung wirken sich ebenfalls negativ aus und begünstigen den vorzeitigen Epiphysenverschluss.
Die sichere Diagnose wird durch Röntgenaufnahmen gestellt.

Als Therapie, möglichst noch in der Wachstumsphase, bietet sich die chirurgische Längen- und Achsenkorrektur an. Welche der unterschiedlichen, aufwendigen Operationstechniken dabei angewandt wird, richtet sich vor allem danach, ob sich der Patient noch im Wachstum befindet, ob die Wachstumsfuge noch offen oder bereits geschlossen ist und in welcher Stärke die Gliedmaßenverkürzung vorliegt.

Von-Willebrand-Erkrankung Typ 1 (vWD1)

Die Von-Willebrand-Krankheit (vWD1) ist eine der häufigsten Erbkrankheiten, die vor allem durch Blutgerinnungsstörungen auffällt. Die Symptome ähneln einer Hämophilie und somit wird die Von-Willebrand-Krankheit auch manchmal als Pseudohämophilie bezeichnet. Das charakteristischste und spezifischste Symptom für vWD1 sind Blutungen aus den Schleimhäuten von Mund, Nase und inneren Organen, ein langes Nachbluten bei Verletzungen, Zahnfleischbluten und verlängerte Blutung während der Läufigkeit bei Hündinnen. Die Manifestation von vWD1 kann je nach den individuellen Merkmalen des Hundes unterschiedliche Schweregrade aufweisen. In milder Form ist die Krankheit durch mäßige Blutungen gekennzeichnet und in schwereren Fällen ist dies viel ausgeprägter und kann zum Verbluten bei Verletzungen des Tieres führen.

Die Ursache der Krankheit ist ein quantitatives Defizit des Von-Willebrand-Faktors, des multimeren Glykoproteins, welches für die Blutplättchenadhäsion an Kollagen an den Stellen der Schädigung der Gefäßwand erforderlich ist. Dieser Faktor bindet auch an den Gerinnungsfaktor VIII und schützt ihn vor Proteolyse.

Die Von-Willebrand-Erkrankung ist in der Regel erblich bedingt. Die Art der Vererbung von vWD Typ I ist autosomal-dominant mit unvollständiger Penetranz. Dies bedeutet, dass ein mutiertes Allel für die Entwicklung der Krankheit ausreichend sein kann, aber nicht alle Hunde mit einer oder zwei Kopien des mutierten Allels die Krankheit entwickeln. Träger und homozygote Tiere übertragen durch Mutation das Krankheitsallel auf ihre Nachkommen. Für diese Krankheit wurde ein Gentest entwickelt und daher ist sie somit gut unter Kontrolle.

Degenerative Myelopathie (DM)

Die Degenerative Myelopathie des Hundes ist eine chronisch und progressiv verlaufende neurodegenerative Erkrankung. Sie führt zum Absterben der langen Rückenmarksbahnen und somit zur Fehlfunktion der Motoneuronen. DM ist nicht behandelbar und erstreckt sich über einen Zeitraum von sechs Monaten bis zu zwei Jahren, wobei die Krankheitsdauer in den meisten Fällen drei Jahre nicht überschreitet und unweigerlich immer zum Tod führt. Die Krankheit wurde erstmals vor mehr als 35 Jahren als spontan auftretende Rückenmarkserkrankung bei erwachsenen Hunden diagnostiziert. Damals wurde angenommen, dass DM nur beim Deutschen Schäferhund vorkommt, daher wurde es früher auch als „Deutsche Schäferhund Myelopathie" bezeichnet. Später wurde die Krankheit bei einer Reihe von anderen Rassen (u. a. Collie, Belgischer Schäferhund, Rhodesian Ridgeback und Welsh Corgi Pembroke) entdeckt. Während mehr als 175 Rassen diese Mutation tragen, wurde sie bisher bei nur 32 Rassen diagnostiziert.

Hinweis

Dr. Jerold S. Bell ist außerordentlicher Professor für klinische Genetik an der Cummings School of Veterinary Medicine der Tufts University. Er hat die Ergebnisse verschiedener Forschungsprojekte zum Thema Degenerative Myelopathie zusammengetragen und gab mir sein Einverständnis, diese Erkenntnisse nutzen zu dürfen, um den Züchtern und Besitzern des Welsh Corgi Pembroke zu helfen, die klinischen und genetischen Komplexitäten dieser häufig missverstandenen Erkrankung besser zu verstehen. Wer mehr über die Forschungen von Dr. J.S. Bell erfahren möchte, wird im Internet fündig.

Die ersten Symptome dieser Krankheit sind in den meisten Fällen erst bei erwachsenen Hunden erkennbar und treten im Alter zwischen acht und 14 Jahren auf, wobei hierfür das Durchschnittsalter beim Pembroke bei elf Jahren liegt. Die ersten Anzeichen dieser Erkrankung äußern sich durch den

Koordinationsverlust der Hinterhand und der Verlangsamung der Reflexe. Später bekommt der Hund Schwierigkeiten, aus sitzender oder liegender Position aufzustehen, und es kommt vermehrt zum Gleichgewichtsverlust. Die Rute des Hundes wird inaktiv und auch ihre Beweglichkeit geht verloren. In den letzten Stadien hat der Hund praktisch sämtliche Reflexe an den Hinterbeinen verloren und es tritt eine vollständige Lähmung auf. Infolgedessen kommt es unweigerlich zur Inkontinenz. Im weiteren Verlauf erstreckt sich die Krankheit auch auf die Vorderhand und schließlich tritt eine Lähmung aller Gliedmaßen ein. Von einer weiteren Degeneration kann ebenfalls die Rachen- und Atemmuskulatur betroffen sein, welche sich auf die Schluck-und Atemreflexe auswirkt. Viele Erkrankungen des Rückenmarks weisen ähnliche klinische Symptome auf, sodass erst durch eine postmortale histologische Untersuchung des Rückenmarks eine endgültige Diagnose für DM möglich ist. An dieser Stelle sei erwähnt, dass DM keine schmerzhafte Krankheit, sondern ein Verlust der motorischen (muskulösen) und sensorischen (Gefühls-) Funktionen ist. Es liegt bei dieser Krankheit keine Entzündung der Nerven des Rückenmarks vor.

Bis heute gibt es keine medikamentöse oder chirurgische Behandlung dieser Krankheit, daher ist es wichtig zu wissen, ob der Hund Träger des Gens ist, das diese Krankheit auslöst.

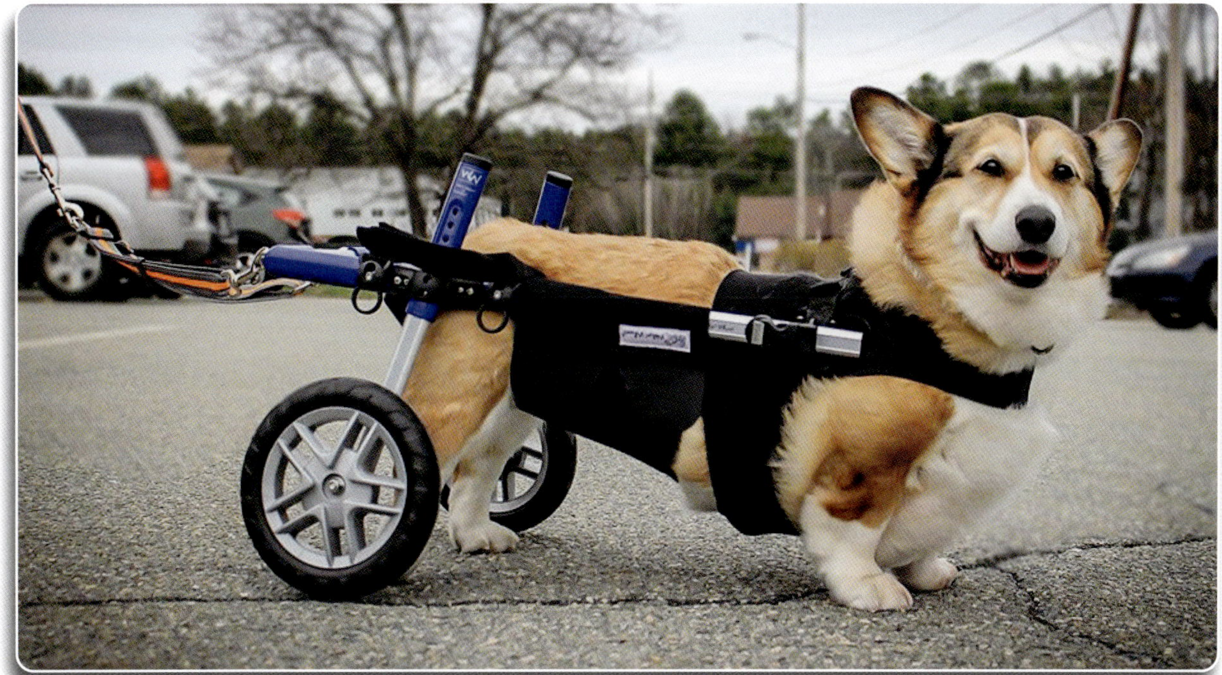

Mit so einem speziellen Wägelchen kann die Mobilität erhalten werden.

Ist die Krankheit ausgebrochen, können gezielte Maßnahmen die Lebensqualität des Hundes dennoch verbessern: physische Rehabilitation, Vermeidung von Druckwunden (Dekubitus), Hundewindeln gegen die Inkontinenz sowie die Verwendung eines speziellen Geschirrs oder eines Wägelchens, um die Mobilität zu erhalten.
Der Hauptgrund für die Entwicklung von DM ist eine homozygote Mutation im zweiten Exon (Exon2) des Superoxiddismutase 1 (SOD1-Gens), die zu einer Änderung der Sequenz des E40K-Proteins führt, wodurch die Konstruktion defekter E40K-Proteine mit einer falschen Aminosäuren-Sequenz erfolgt. Bei verschiedenen Studien zeigten homozygot mutierte Hunde jedoch keine Anzeichen einer degenerativen Myelopathie.

Zur vorläufigen Diagnose der Krankheit wurde ein Gentest entwickelt, der in jedem Alter durchgeführt und mit dem das Vorhandensein bzw. Fehlen einer mutierten (defekten) Kopie des Gens nachgewiesen werden kann. Er sagt aber nichts darüber aus, ob die Krankheit ausbrechen wird. Selbst wenn ein Hund positiv getestet wird, heißt das somit nicht, dass er später erkrankt. Da die Degenerative Myelopathie der autosomal-rezessiven Vererbung unterliegt, können nur die Tiere betroffen sein, die homozygot das Gen tragen. Die Symptome einer DM treten nur bei etwa 3 % der homozygoten Welsh Corgi Pembrokes auf. Bei anderen Hunderassen erkranken die Homozygoten sehr viel häufiger. Hier liegt der Durchschnitt bei etwa 60 %.

Als Penetranz bezeichnet man den Anteil homozygoter Individuen, bei denen die Krankheit tatsächlich zum Ausbruch kommt, beim Pembroke also etwa 3 %. Zusätzlich können auch andere Faktoren hierfür eine Rolle spielen. Einige Krankheiten werden beispielsweise durch äußere Einflüsse hervorgerufen oder begünstigt. Oft reicht es aus, die Ernährung oder den Lebensstil umzustellen, um den Wert der Penetranz zu verändern. Beim Pembroke sind es offensichtlich die genetischen Eigenschaften, welche die Penetranz positiv beeinflussen. Leider ist gegenwärtig nicht bekannt, welche Gene zu einer Verringerung der Penetranz beim Welsh Corgi Pembroke führen. Es ist daher praktisch kaum möglich, eine gezielte Selektion durchzuführen, um dieses Merkmal zu beheben. Allerdings kann mit der Durchführung des DNA-Tests die Häufigkeit der Geburten von homozygoten Hunden verringert werden.
Viele Züchter vertreten die Meinung, dass DM genetisch getestet werden sollte, wobei aber ein positives Testergebnis nicht dazu führen darf, dass ein Hund von der Zucht ausgeschlossen wird. Züchter sollen und müssen sich dahingehend austauschen.
Denn das Wichtigste für einen Züchter ist es zu wissen, ob bei nahen Verwandten ihrer Hunde DM pathologisch bestätigt wurde, um dies bei zukünftige Verpaarungen berücksichtigen zu können. Nur eine solche Selektion würde das Risiko einer Erkrankung verringern.
Somit wäre das Anlegen einer offenen Stammbaumdatenbank mit Hunden, bei denen eine Degenerative Myelopathie pathologisch bestätigt wurde, sinnvoll. Da es nirgendwo einen unberührten genetischen Vorrat vom Welsh Corgi Pembroke gibt, auf den man zurückgreifen kann, sollte die absichtliche Verengung des Genpools zur Auskreuzung dieser Erkrankung mit großer Vorsicht durchgeführt werden. Für die Gesundheit einer Rasse ist es besser, eine Vielzahl an Linien beizubehalten, als eine Homogenisierung vorzunehmen.

Dystokie

Die Dystokie ist eine Wehenschwäche, von der die weiblichen Corgis betroffen sein können. Der Wehenschwäche können organische oder mechanische Ursachen zugrundeliegen. Formen dieser Anomalien sind die Beckendystokie, die Zervixdystokie oder die Wehendystokie. Bei der Wehendystokie unterscheidet man eine primäre und eine sekundäre Form. Bei primärer Wehenschwäche wird die minimale Frequenz der

Muskelkontraktionen oder deren Ausbleiben vor der Geburt beschrieben und bei einer sekundären Wehenschwäche sind Wehen vorhanden, aber aus verschiedenen Gründen kann es zu einer Unterbrechung des Austreibens der Welpen kommen.

Eine Überdehnung des Uterus oder eine Zervixdystokie (verminderte Dehnbarkeit des Geburtsweges) können Gründe für eine sekundäre Wehenschwäche sein. Eine Beckendystokie beschreibt ein verengtes Becken, das die Welpen während der Geburt nicht passieren können. Die Geburtsschwierigkeiten können aber auch mit zu großen Welpen oder fehlerhafter Lage der Welpen im Mutterleib zusammenhängen. Corgi-Welpen haben in der Regel schon ein Geburtsgewicht von 300 bis 400 Gramm. Teilweise werden aber auch Welpen mit einem Gewicht von 400 bis 500 g Gramm geboren, was einem Rottweiler-Welpen entspricht. Im Größenverhältnis ist dies dann Hochleistungssport für einen kleinen Körper wie der einer Corgi-Hündin. Auch das Alter, der Stress und die konditionelle Verfassung des Muttertieres können sich auf den Geburtsverlauf auswirken.

Jede Störung bei der Geburt sorgt immer für ein Risiko und ist mit Schmerzen für die Hündin verbunden. Im Notfall kommt es zum Kaiserschnitt, denn ohne Behandlung dieser Geburtsschwäche kann es zum Tod des Muttertieres und ihrer Welpen führen.
In den letzten drei Jahren lag die Kaiserschnitt-Quote im CfBrH beim Welsh Corgi Pembroke bei 44 % und beim Cardigan bei 34 %. Es ist anzumerken, dass Hündinnen die zwei Würfe mittels Kaiserschnitt zur Welt gebracht haben (egal, welche Gründe vorliegen) zur weiteren Zuchtverwendung ausgeschlossen werden. Aufgrund der Risiken für Schwergeburten und ggf. erblich zugrundeliegenden Formen, wurde eine Studie veranlasst in der Justus-Liebig-Universität in Gießen. Diese wird von Prof. Hartwig Bostedt in Zusammenarbeit mit allen Corgi-Züchtern des CfBrH durchgeführt.

Kryptorchismus

Die Hoden der männlichen Tiere entwickeln sich bereits im Fötenstadium und werden vom Geschlechtschromosom Y beeinflusst. In diesem Stadium liegen die Hoden zusammen mit den Nieren im retroperitonealen Raum zwischen der unteren Rückenmuskulatur und der Begrenzung der Bauchhöhle. Beide Hoden sind mit einem Leitband verbunden und erst ab Mitte der Trächtigkeit, unter hormonellem Einfluss, beginnen die Hoden abzusteigen. Dieser Abstieg ist meistens zwischen der 6. und 8. Lebenswoche des Welpen abgeschlossen und beide Hoden befinden sich dann im Hodensack.
Das Abtasten der Hoden kann manchmal durch das unwillentliche Zurückziehen der Hoden in die Leistenregion erschwert werden und gestaltet sich oft einfacher, wenn der Hund liegt oder sitzt. Auch die Leistenregion neben dem Geschlechtsorgan sollte abgetastet werden. Kryptorchismus bei Welpen kann nach der 16. Woche nicht mehr medikamentös beeinflusst werden, deshalb ist eine sehr frühe Behandlung ratsam. Auch ein Abstieg der Hoden nach dem 6. Monat kann nicht mehr erfolgen, da sich der Leistenkanal zum Teil schließt.
Es gibt verschiedene Formen des Kryptorchismus. Bei einem fehlenden oder nicht absteigenden Hoden spricht man vom unilateralen (einseitigen) Kryptorchismus, sind beide Hoden betroffen, heißt es bilateral (beidseitig). Auch für die Anomalie der Lage des Hodens gibt es verschiedene Bezeichnungen. Bei inguinalem Kryptorchismus ist es ein Leistenhoden und bei abdominalem Kryptorchismus ist der Bauchhoden gemeint. Studien zur Folge ist das Vorkommen des rechten inguinalen Kryptorchismus die meist vorkommende Form, was damit zusammenhängt, dass der rechte Hoden einen weiteren Weg als der linke beim Abstieg zurücklegen muss. Es ist eine angeborene und erblich bedingte Erkrankung, welche sich autosomal-rezessiv und polygen vererbt. Es gibt Studien, die besagen, dass mit Kryptorchismus häufig andere angeborene Defekte wie Nabelbruch, Kniescheibenluxation oder Hüftgelenkdysplasie einhergehen können.

Bei diesem Rüden ist alles intakt.

Für die betroffenen kryptorchen Rüden hat es je nach Lage der Hoden verschiedene Konsequenzen. Liegen die Hoden in der Bauchhöhle, sind diese höheren Temperaturen ausgesetzt, was die Bildung von Spermien unterbindet und somit zur Unfruchtbarkeit führt. Außerdem neigen die im Körper liegenden Hoden durch die höhere Umgebungstemperatur zur tumorösen Entartung.
Bei einem Hoden, der im Bauchraum oder Leistenraum verbleibt, ist die Fruchtbarkeit nicht eingeschränkt, aber der Rüde kann diese Erkrankung an alle Nachkommen weitergeben.

Liegen die Hoden inguinal, kann es sein, dass der Rüde uneingeschränkt fruchtbar ist, aber er sollte aufgrund der Vererbbarkeit des Kryptorchismus nicht zur Zucht eingesetzt werden. Da auch hier die Hoden einer höheren Temperatur ausgesetzt sind als normal, sollten sie regelmäßig kontrolliert werden, um eine Tumorbildung auszuschließen. Sollte ein Hoden abdominal und einer inguinal liegen, sollte der abdominale chirurgisch entfernt werden, der inguinale kann belassen werden, muss aber ebenfalls regelmäßig kontrolliert werden. Ein Rüde mit zwei abdominal liegenden Hoden ist von einem kastrierten Rüden nur durch eine Testosteronuntersuchung zu unterscheiden. Hierzu schickt der Tierarzt eine Blutprobe ein. Die Libido des kryptorchiden Rüden kann der Libido eines unkastrierten Rüden gleich sein. Eine weitere Komplikation stellt die Hodendrehung (Hodentorsion) dar. Dabei dreht sich der Hoden um sich selbst und schnürt sich die eigenen Blutgefäße ab. Oder der Hoden dreht sich um andere Bauchorgane. Das kann lebensbedrohlich werden. Sollte ein (auch einseitig) kryptorchider Rüde abdominale Schmerzen zeigen, ist unmittelbar ein Tierarzt zu konsultieren. Kryptorchismus hat eine große Bedeutung für die Zuchtgestaltung und aus medizinischen und zuchthygienischen Gründen sind diese Hunde von der Zucht ausgeschlossen.

Exercise Induced Collapse (EIC)

Die EIC ist eine neuromuskuläre Erkrankung kombiniert mit immunologischen Mängeln. Das Exercise-Collapse-Syndrom wurde erstmals 1993 in der Literatur beschrieben. Tierärzte betrachteten die EIC lange Zeit nicht als spezifische Krankheit, weil die Symptome des Kollapses durch verschiedene Ursachen ausgelöst werden können, zum Beispiel durch niedrigen Blutzucker, Unverträglichkeit gegenüber hohen Temperaturen, Herzerkrankungen oder metabolische Myopathie. Das betroffene Tier verträgt normalerweise mäßige Belastungen, aber bereits 5 bis 15 Minuten Training mit hohem Energielevel können zur Manifestation von EIC-Symptomen führen. Symptome zeichnen sich durch einen schwankenden Gang, Kontrollverlust der Gliedmaßen und ein Festliegen ab.

Erholungsphasen sind für den Corgi-Körper enorm wichtig.

Die ersten Anzeichen der Krankheit treten in der Regel im Alter von fünf Monaten bis drei Jahren auf. Der Hund scheint während oder nach dem Zusammenbruch keine Schmerzen zu haben. Nach 10 bis 30 Minuten Pause kehrt der Normalzustand zurück. Je nach Temperament und Lebensstil des Tieres kann sich die Krankheit manifestieren oder nicht. Sollte die Belastung des Hundes weiterhin so erhalten bleiben, kann es durch den progressiven Verlauf der Erkrankung auch zum Tod des Tieres kommen. Die am häufigsten betroffenen EIC sind Labrador Retriever mit gut entwickelten Muskeln. Bei den Welsh Corgis ist nur der Pembroke von dieser Krankheit betroffen. Sie unterliegt der autosomal-rezessiven Vererbung. EIC ist derzeit als Syndrom anerkannt und die verantwortliche Mutation DNM-1 kann über einen Gentest nachgewiesen werden.

Das Wohlbefinden des alternden Corgis sollte immer an erster Stelle stehen.

Der Corgi kommt in die Jahre

Der Corgi ist sehr zäh und langlebig und kann bis zu 15 Jahre, im Einzelfall sogar noch älter werden. Bei sorgfältiger Haltung und Pflege ist ihm bis zum 8. Lebensjahr kaum eine Spur des Alterungsprozesses anzusehen. Aber bei aller Vitalität der beiden Corgi-Rassen müssen auch sie dem Alter Tribut zollen. Sie brauchen nach jeder Aktivität längere Ruhe- und Schlafpausen und die Bewegung wird stärker dosiert. Ihr Gehör und die Sehkraft lassen wie bei uns Menschen im Alter nach. Das Fell des Corgis ergraut am Fang und Oberkopf.

Viel Zuwendung und die Nähe seines Menschen werden unbezahlbar für die kleine Corgi-Seele. Es ist die Pflicht eines jeden Besitzers, für eine weiche, leicht zugängliche Unterlage zu sorgen, auf welcher der Hund seine müden Knochen betten kann.

Die Futtermenge sollte wieder in mehrere Mahlzeiten eingeteilt werden, um somit eine einfachere Verdauung zu ermöglichen. Jährliche Gesundheitskontrollen, behutsame, aber sorgfältige Zahn-, Fell- und Pfotenpflege sollten nicht außer Acht gelassen werden. Wenn Ihr alt gewordener oder eventuell unheilbar kranker Welsh Corgi nicht friedlich in seiner gewohnten Umgebung einschlafen kann, sondern er durch eine erlösende Euthanasie vor einem schmerzhaften Dahinsiechen bewahrt werden muss, so bleiben Sie an seiner Seite, halten Sie ihn fest im Arm, damit er angstfrei einschlafen kann. Danken Sie Ihrem Corgi für seine unerschütterliche Zuneigung und Treue.
Sie sind es ihm schuldig!

Auch ein Corgi ergraut in hohem Alter.

Von Elfen und Drachen – Mythen um den Corgi

Schon seit vielen Tausenden von Jahren erzählen nordische Legenden zwischen Cornwall und Irland, zwischen Schottland und der Isle of Man, von Drachen und dem Volk der Feen. Diese sind auch als „magische Helfer" oder „Licht- und Nebelgestalten" und als Sinnbild des Guten bekannt. Die Königreiche der Feen liegen im Verborgenen und sind für das Auge des Menschen nicht sichtbar. Nur mit der Hilfe eines reinen Herzens oder einer Fee können Brücken in diese magische Welt gefunden und überquert werden.

Ein kleiner Hauch Magie!

Wie der Corgi zu den Menschen kam

Diese Geschichte hat Kim Campell Thorntons 2003 geschrieben. Mittlerweile gib es sie in mehrfacher Ausführung und wird überwiegend mit dem Welsh Corgi Pembroke in Verbindung gebracht. Sie handelt von der Feenkönigin Mab und ihrem Volk, welches immer im Mondlicht die Wälder von Wales auf ihren Rössern durchquerte. Diese Rösser waren rot-weiße Hunde und trugen kleine Ledersättel. Eine begleitende Fee und ihr Hund gerieten in eine Falle, die durch menschliche Wilderer aufgestellt wurde. Dadurch, dass Eisen für die Feenwesen tödlich war, konnten ihr die restlichen Feen bei der Befreiung ihres Hundes nicht helfen. Es war der Sohn eines Hirten und seine Schwester, die dem Fabelwesen zur Hilfe eilten. Sie waren gerade auf der Suche nach einem verlorenen Schaf gewesen, als beide auf die Not der Feen stießen. Sie zerrten an der schweren Falle, befreiten die Rute des Hundes und versorgten die Verletzungen mit Kompressen aus Eichenrinde und Brombeerblättern.

Zum Dank verpflichtet läutete Königin Mab ein Glöckchen, welches um den Hals ihres Hundes hing. Es erschienen zwei fuchsähnliche, rot-weiße Welpen. Die Königin erklärte den Kindern, dass sie mit diesen intelligenten Hunden nie wieder ihre Nutztiere verlieren würden. Nachdem die Königin dann in ihre Hände klatschte, verschwanden sie und ihr Volk. Es blieben nur die Welpen und die Kinder zurück. Als diese nach Hause kamen und die Welpen ihren Eltern und Dorfbewohnern zeigten, wussten diese, dass es ein Geschenk der Feen war.

Mit der Zeit lernten die Corgis den Menschen zu helfen und von diesem Zeitpunkt an arbeitete der Corgi auf den Farmen und wurden von den Menschen in Wales geliebt. Sollten Zweifel an dieser Geschichte bestehen, so muss man nur auf die Markierung des Corgis achten, diese gleicht heute noch einem Feensattel.

In seinem Schatten

Eine weitere Aufzeichnung, die aber mit dem Welsh Corgi Cardigan in Verbindung steht, wurde in einer Fabel von Tammy Lu Ann Barr im Jahr 2014 niedergeschrieben. Diese Fabel soll auf einer walisischen Begebenheit basieren, welche sich zu der Zeit unter der Regentschaft Uther endragon (übersetzt: Drachenkopf) zugetragen haben soll.

Uther Pendragon war der Vater der bekannten Sagengestalt (walisisch: Arthur) Artus Pendragon. Als zur damaligen Zeit das Drachentöten begann, kam das Volk der Feen zu den Corgis, um Hilfe für die Drachen zu ersuchen. Sie wussten, dass die Corgis große Herzen haben und fanden in ihnen ein Versteck zum Schutz der Drachen. Jeder Drache wurde von den Corgis ausnahmslos in ihre Herzen eingeschlossen. Als die Jahre vergingen und die Menschheit die Drachen vergessen hatte, konnten diese wieder ihre Flügel ausbreiten und außerhalb der Herzen von den Corgis in einer Zwischenwelt leben.
Die Drachen haben nie vergessen, was die Corgis und das Volk der Feen für sie getan haben, und schützen diese seit jeher. Auch hier kann nur ein Mensch mit reinem Herzen einen Drachen im Schatten seines Welsh Corgis sehen.

Fakt oder Fiktion?

Wenn man Historikern glaubt, ist die Flagge von Wales eine der ältesten (neben Schottland), die in der Welt noch verwendet wird. Sie zeichnet sich durch einen roten Drachen aus, der aufgrund einer Prophezeiung Merlins den Kampf gegen einen weißen Drachen gewann.

Auch der kleine Welsh Corgi ist seit Ewigkeiten mit Wales verbunden und so ist es wenig verwunderlich, dass Fabeln, Legenden und Geschichten über diese kleinen Wesen von Generation zu Generation weitergetragen wurden und auch noch in der heutigen Zeit ihren Platz haben.

C. Hubbard soll während seiner Recherchen auf eine aus dem 14. Jahrhundert stammenden Schrift gestoßen sein, deren Wortlaut beschrieb, wie Lancelot im Schlaf von einem cur-dog angebellt wurde. Henry René Albert Guy de Maupassant, ein französischer Dichter (1850-1893) beschrieb den Welsh Corgi wie ein Fabelwesen: kleines gelbes Tier, fast ohne Pfoten, mit dem Körper eines Krokodils, dem Kopf eines Fuchses und der Rute wie einer Trompete. In den walisischen Bergen glaubte man einst, dass Elfenprinz und Elfenprinzessin als Corgis verkleidet zu den Menschen kamen, um diese vor Elend und Hunger zu schützen.

Ein kleiner Schritt in Richtung Corgi-Legende ist ein Bericht von 1191 „The Tale of Elidorus" und 1828 „Fairy Legends". Hier werden kleine Menschen auf Miniaturpferden beschrieben, die Windhunde mit sich führten, oder die Pferde nur die Größe eines Hundes hatten, aber jegliches Reiten der Hunde wird leider nicht genannt. In den walisischen Geschichten waren Corgis immer die „Rösser" der Elfen. Eine der frühesten Quelle hierfür ist wiederum das Gedicht „Corgi Fantasy" von Anne G. Biddlecombe. Sie war eine englische Züchterin und eines der Gründungsmitglieder der Welsh Corgi League in London, bei der sie als Sekretärin fungierte. Ihr Gedicht wurde erstmals 1946 in der ersten Ausgabe des Wesh Corgi League Handbook veröffentlicht und handelte von zwei Kindern, die fuchsartige Welpen mit nach Hause brachten und als Geschenk der Elfen als Hund und Helfer enttarnt wurden. Dieses Gedicht wurde mehrfach veröffentlicht und es wurden viele weitere Versionen und Geschichten daraus erstellt, zum Beispiel „Die Legende des Elfen-Sattel" oder „Wie verlor der Corgi seine Rute".

Aber der Pembroke war nicht der einzige, dem Geschichten zugeschrieben wurden. Pem Brand schrieb „Rhodd Glas: Das blaue Geschenk ", welches 1996 im Handbuch des Cardigan Welsh Corgi Clubs of America veröffentlicht wurde. Es beschreibt, wie die Elfen aus einer Blume den ersten blauen Merle Cardigan Corgi geschaffen haben.

Auch wenn diese Märchen und Geschichten noch so schön und berührend sind, muss erwähnt werden, dass keine davon

eine Quelle in alten Märchen oder volkstümlichen Folkloren haben und somit auch nicht uralt sind. Es sind moderne Märchen, die von Züchtern und Liebhabern dieser Rassen verfasst wurden. Erst zwölf Jahre, nachdem die Rassen anerkannt wurden, entstanden diese Geschichten, aber bekanntlich sterben die Hoffnung und der Glaube zuletzt!

Ende der Fahnenstange!

Danksagung

Janine mit Vincent

Wenn man so ein fertiges Buch in den Händen hält und es vielleicht auch gelesen hat, dann lässt es sich nur schwer erahnen, wie viel Arbeit, Schweiß und Tränen darin stecken. Dem Wahnsinn knapp entronnen, möchte ich einer Reihe von Personen aus tiefstem Herzen für Ihre Hilfe und Unterstützung danken: Astrid Berger, Annette Klarmann, Claus-Peter Fricke, Dr. Anna Laukner, Danny Reinkehr, Dr. Gabriele Lehari, Eva-Maria Krämer, Luise Willner und Sarah Boyd – Je vous tire mon chapeau!

Die tollen Grafiken in diesem Buch verdanke ich Janine Huber, die unermüdlich meine Hirngespinste umgesetzt und kleine Wunder geschaffen hat – „Nine. Du bist eine wunderbare Künstlerin."

Ein weiteres und ganz besonderes Dankeschön geht an zwei außergewöhnlich tolle Menschen. Nancy Leetz-Rosenbohm und Lyubov Yakovleva, Euch möchte ich für das entgegengebrachte Vertrauen und dem Beginn meiner „Corgi Lovestory" danken, denn Ihr habt mir sie mit Käthe und Panda ermöglicht.

Eine herzliche Umarmung sende ich an die Fotografin Deborah Schultz für das wunderschöne Titelbild und natürlich auch Jessica Janowitz mit ihrem Welsh Corgi Cardigan Modell Gismo. Vielen

Marc mit Olaf

Dank auch an alle Säulen des Clubs für britische Hütehunde. Ihr ermöglicht es uns, diese tollen Rassen in Deutschland züchten zu können und lasst unsere Passion lebendig werden. Nicht weniger danke ich allen lieben Züchtern, Fotografen und Familienmenschen, die mich mit den Fotos ihrer wunderschönen und geliebten Hunde unterstützt haben, um diesem Buch ein Gesicht zu geben. Es müsste mehr Menschen wie Euch geben!
Alle 11 Minuten danke ich meinem Mann Marc, dass ich mich nicht bei einem Dating-Portal anmelden muss. Er hat den Geist eines Genies, den Körper eines griechischen Gottes und ich möchte Ihm Folgendes sagen: Vielen Dank an dieser Stelle, du bist meine Lebensquelle!
Lange Zeit haben wir verschiedene Rassen beherbergt, die aus Tierheimen, Versuchsstationen oder aus verwahrlosten Haushalten kamen. Wir durften an Ihrer Loyalität und Dankbarkeit wachsen und lernen. Jeden Einzelnen haben wir bis zum letzten Tag begleitet und beschützt – auch ihnen möchte ich vom Herzen **DANKE** sagen!

Quellennachweis

Adjunct Professor of Genetics Jerold S Bell, DVM:
„Canine Degenerative Myelopathy and Genetic Testing in Pembroke Welsh Corgis"

Biofocus LADR Gesellschaft für biologische Analytik mbH
Dr. Bodo Brand: Molekularbiologie

Clarence C. Little:
„The Inheritance of Coat Colour in Dogs"

Clifford L.B. Hubbard:
„Working Dogs of the World"

Cynthia Savioli:
„Judging the Welsh Corgi Pembroke"

Deborah S. Harper:
„The New Complete Pembroke Welsh Corgi"

Dr. Anna Laukner, Christoph Beitzinger und Petra Kühnlein:
„Die Genetik der Fellfarben beim Hund"

Hans Räber:
„Enzyklopädie der Rassehunde"

Iris Combe:
„Hearding Dogs - Their Origins and Development in Britain"

John Holmes:
„The Farmer's Dog"

Ken Linacre:
„Die Vererbung der Fellfarbe im walisischen Corgi Cardigan"

LABOklin Labor für klinische Diagnostik:
https://laboklin.com

Richard G. Beauchamp:
„Welsh Corgis: Pembroke and Cardigan"

Thelma Gray:
„The Welsh Corgi Pembrokeshire and Cardiganshire Types "

Robert W. Cole:
„You Be The Judge"

Viel Informatives rund um die Welsh Corgi-Rassen gibt es auf der HP von Anita Nordlunde zum Weiterlesen:
https://www.welshcorgi-news.ch